1 학년

STEAM
스틱
수학
창의 편

글 오샘(구미진, 김가희, 김민회, 김혜진, 최미라) | **동화** 박인경 | **그림** 명진
펴낸날 2013년 7월 25일 초판 1쇄 | 2016년 5월 30일 초판 2쇄
펴낸이 김상수 | **기획·편집** 고여주, 위혜정 | **디자인** 정진희, 문정선, 김수진 | **영업·마케팅** 황형석, 서희경
펴낸곳 루크하우스 | **주소** 서울시 성동구 아차산로 143 성수빌딩 208호 | **전화** 02)468-5057~8 | **팩스** 02)468-5051
출판등록 2010년 12월 15일 제2010-59호
www.lukhouse.com   cafe.naver.com/lukhouse

ISBN 979-11-5568-000-1 64410
       978-89-97174-43-0 (set)

※ 잘못된 책은 구입처에서 바꾸어 드립니다.
※ 값은 뒤표지에 있습니다.

상상의집은 (주)루크하우스의 아동출판 브랜드입니다.

STEAM
스틱 수학
창의 편

1학년

상상의집

이 책을 만드는 데 함께해 주신 분들!

글 **오샘**

오샘은 수학을 사랑하는 5명의 선생님의 모임입니다. '오'는 숫자 5를 의미하기도 하고 '오!'라는 감탄사를 뜻하기도 합니다. 재미있는 수학으로 어린이들에게서 즐거운 감탄사가 나오도록 언제나 고민하고 연구하고 있습니다.

구미진 선생님 서울 장충초등학교 교사. 교원대학교에서 석사학위를 받고 싱가포르 수학 교과서와 한국 수학 교과서 비교 연구. 지은 책으로는 『수학사와 수학 이야기(공저)』가 있음.

김가희 선생님 서울 지향초등학교 교사. 현재 서울교육대학교 대학원 초등수학교육과 석사과정.

김민회 선생님 서울 광남초등학교 교사. 서울교육대학교 수학교육과 석사과정. (사)전국수학교사모임 초등팀. 지은 책으로는 『최고의 선생님이 풀어 주는 수학 해설 학습서』가 있음.

김혜진 선생님 경기 석곶초등학교 교사. 서울교육대학교 대학원 초등수학교육과 석사과정. (사)전국수학교사모임 초등팀.

최미라 선생님 서울 송중초등학교 교사. 현재 서울교육대학 수학교육과 석사과정과 (사)전국수학교사모임 초등팀. 지은 책으로는 『사라진 모양을 찾아서』, 『스테빈이 들려주는 유리수 이야기』, 『손도장 콩콩! 놀자 규칙의 세계』, 『손도장 콩콩! 놀자 입체도형의 세계』 등이 있음.

동화 **박인경**

어린이들을 위해 재미있고 유익한 글을 쓰고 있습니다. 『세상을 바꾸는 노력의 멘토 반기문』, 『아침형 아이』, 『공부 도깨비』, 『왕따의 거짓말 일기』, 『우리는 김말이와 떡볶이』, 『수학 100장면- 교과서 속 수학』 등을 집필하였습니다.

그림 **명진**

대학에서 디자인을 공부하였습니다. 지금은 자유로운 창작 작업을 하면서 비주얼 중심의 그래픽과 그림책 공부를 겸하고 있습니다. 그린 책으로는 『올해의 으뜸마녀 졸업생은』, 『화가는 무엇을 그릴까요?』, 『Moster Face』, 『드르렁 쿨쿨』 등이 있습니다.

창의 사고력을 키우는 즐거운 〈스팀 STEAM 수학_창의 편〉

2013년부터 초등학교 1, 2학년은 새로운 수학 교과서를 사용하게 됩니다. 새 교과서는 기존의 수학 교육과 달리 'STEAM 교육 이론'을 도입하여 Story-telling 방식으로 구성되어 있습니다. 요약된 학습 내용과 문제 중심의 교과서가 스토리텔링 방식의 서술과 창의 문제를 중심으로 바뀌는 것이지요.

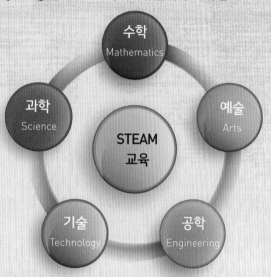

'STEAM' 이란 과학, 기술, 공학, 예술, 수학의 영어 단어의 앞 철자를 따서 부르는 말로 창의적 인재를 키우기 위해 여러 분야를 통합한 융합 교육을 의미합니다.

수학은 STEAM의 마지막 키워드로 융합 교육에서 과제 해결을 위한 도구로 사용되지요. STEAM 교육에서 수학은 다양한 분야에 녹아 있는 수학적 개념과 원리를 찾아내고 이해하는 것이 중요합니다.

계산 위주의 문제에서 풀이 과정을 중시하는 서술형 문제로 성취를 평가하는 방법도 바뀌게 됩니다. 따라서 스토리텔링 방식의 서술에서 개념을 파악하고 개념에 대한 충분한 이해를 바탕으로 한 창의적 문제 해결력과 이를 효과적으로 표현하는 서술 능력이 필요해집니다.

〈1학년 스팀 STEAM 수학 창의 편〉은 초등학교 현장에서 어린이들을 가르치며 수학 교육을 연구하는 선생님들이 직접 출제한 창의력 향상 문제를 담았습니다. 많은 수의 문제를 풀지 않고도 기본 개념을 콕콕 집어 주는 기본 개념 문제, 이야기와 함께 푸는 창의력 문제로 스토리텔링 수학의 기본기를 다지고 창의 사고력을 향상시킵니다. 미술, 음악, 과학 등 다양한 영역을 넘나드는 스팀 STEAM 체험 문제로 달라지는 수학 교육에 적응할 수 있게 합니다.

실력 쑥쑥 기본 문제	이야기로 푸는 창의 문제	스팀 STEAM 체험 문제
개념의 수학적 적용	독해력과 창의력 향상	다방면에 적용된 수학 원리 발견

이 책의 구성과 활용

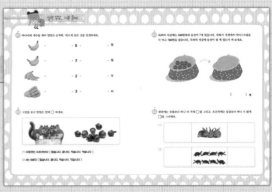

> ## 실력 쑥쑥 기본 문제

◆ 기본 개념을 충실히 해 주는 기본 문제로 수학 개념을
   탄탄하게 합니다.

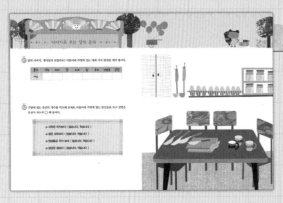

이야기와 함께 푸는 창의 문제 <

◆ 이야기와 함께 독해력과 수학 개념을 동시에!
◆ 최근의 평가 경향을 반영한 다양한 유형들과 함께
   창의 사고력을 개발할 수 있는 문제를 담았습니다.

> ## 스팀 STEAM 체험 문제

◆ STEAM 교육 이론을 반영한 창의 문제로
   수학적 창의력을 높입니다.
◆ 놀이처럼 즐겁게 수학적 사고의 방법을
   알려 줍니다.

차례

1 수

9 까지의 수

1 2 3 4 5 6 7 8 9 10 11 12 13 14 15
16 17 18 19 20 21 22 23 24 25 26 27 28 29 30
31 32 33 34 35 36

 1학년 **1**학기 **1**단원 9까지의 수

우리 주변에는 수많은 물건들이 있어요.

이 물건들의 수를 말할 때 바로 '숫자'를 사용해요.

전 세계가 공통적으로 쓰는 숫자는 인도-아라비아 숫자예요.

우리가 잘 알고 있는 '1, 2, 3, 4, 5, 6, 7, 8, 9'가 바로 그것이지요.

다른 숫자도 있냐고요? 옛날 유럽에서는 산가지를 늘어놓은 것처럼 생긴

'Ⅰ, Ⅱ, Ⅲ, Ⅳ, Ⅴ……' 이런 숫자를 쓰기도 했어요.

숫자는 두 가지 이름을 갖고 있어요.

'일, 이, 삼, 사, 오, 육, 칠, 팔, 구'라고 읽기도 하고

'하나, 둘, 셋, 넷, 다섯, 여섯, 일곱, 여덟, 아홉'이라고 읽기도 하지요.

숫자는 물건을 셀 때 말고도 전화번호나 주소를 표현할 때도 편리하게 쓰여요.

01 바나나의 개수를 세어 알맞은 숫자와 바르게 읽은 것을 연결하세요.

5 •   • 삼

7 •   • 칠

2 •   • 오

3 •   • 이

02 그림을 보고 알맞은 말에 ◯ 하세요.

(1) 다람쥐는 도토리보다 (많습니다, 큽니다, 적습니다, 작습니다)

(2) 4는 8보다 (많습니다, 큽니다, 적습니다, 작습니다)

★
03 묵희의 지갑에는 100원짜리 동전이 7개 있습니다. 묵희가 가게에서 아이스크림을 사 먹고 700원을 냈습니다. 묵희의 지갑에 동전이 몇 개 있는지 써 보세요.

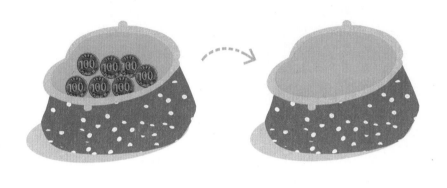

(   ) 개

★
04 왼쪽에는 동물보다 하나 더 적게 ◯를 그려 넣으세요. 오른쪽에는 동물보다 하나 더 많게 ☐를 그려 넣으세요.

(1)

(2)

05 아래의 그림은 경연이의 책상 서랍입니다. 책상 서랍 안에 든 학용품을 보고 답하세요.

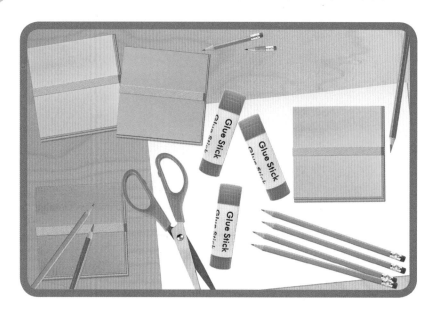

[1] 경연이의 책상 서랍 안에 있는 학용품의 개수를 세어 봅시다.

학용품	연필	색연필	색종이	가위	풀
개수	자루	개	묶음	1개	개

[2] 경연이는 연필을 한 자루 더, 가위를 한 개 더 사기로 했습니다. 그리고 풀은 동생에게 하나 주기로 했습니다. 경연이에게 남아 있는 연필과 가위, 풀의 개수만큼 색칠해 보세요.

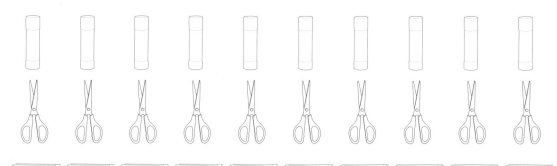

06 다음은 미화의 일기입니다. 잘못 쓴 부분 두 군데를 찾아 ◯표 하고 바르게 고쳐 쓰세요.

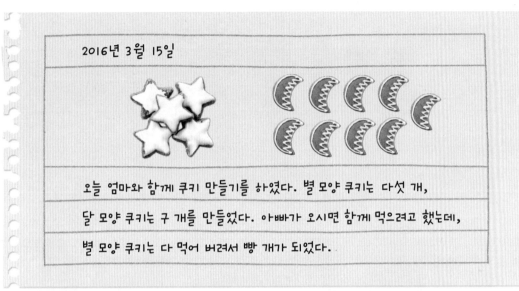

2016년 3월 15일

오늘 엄마와 함께 쿠키 만들기를 하였다. 별 모양 쿠키는 다섯 개,

달 모양 쿠키는 구 개를 만들었다. 아빠가 오시면 함께 먹으려고 했는데,

별 모양 쿠키는 다 먹어 버려서 빵 개가 되었다.

	잘못된 부분	바르게 고쳐 쓴 것
(1)		
(2)		

07 9명의 동물들이 달리기를 하고 있어요. 다리가 긴 학 앞에는 2명이 달리고 있습니다. 목이 긴 기린의 뒤에는 3명이 달리고 있어요. 학과 기린은 몇 등 일까요?

● 학은 (   )등 이고, 기린은 (   )등 입니다.

08 빨간 모자는 엄마의 심부름으로 할머니 댁에 맛있는 음식을 전해 주러 가게 되었어요.

 "빨간 모자야, 할머니 댁은 집 앞의 가로수 길을 따라 쭉 가다가 여섯 째 나무와 일곱 째 나무 사이에 있는 골목으로 들어가 둘째 집을 찾으면 된단다."

(1) 할머니 집이 어디인지 동그라미 쳐 보세요.

 "그런데 그 전에 과일 가게에 들러 할머니가 좋아하시는 딸기를 사가야 해. 과일 가게 는 (　　)와 (　　) 나무 사이에 있는 골목으로 들어가면 보이는 빨간 지붕 집이야."

(2) 지도에서 과일 가게의 위치를 보고 괄호 안에 들어갈 알맞은 말을 써 보세요.

● (　　　)와 (　　　)

★
09 다음은 친구들의 대화입니다. 둘째로 초콜릿을 많이 가지고 있는 친구가 누구인가요?
그 이유를 써 보세요.

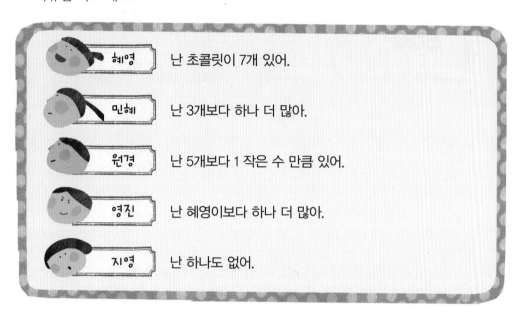

혜영 : 난 초콜릿이 7개 있어.

민혜 : 난 3개보다 하나 더 많아.

원경 : 난 5개보다 1 작은 수 만큼 있어.

영진 : 난 혜영이보다 하나 더 많아.

지영 : 난 하나도 없어.

둘째로 초콜릿을 많이 가지고 있는 친구는 (   )입니다.

그 이유는

★
10 점심시간에 급식을 받기 위해 줄을 서 있습니다. 상윤이가 말한 것으로 볼 때,
줄을 선 사람이 모두 몇 명인지 쓰세요.

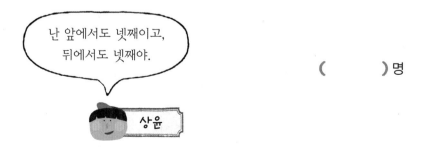

난 앞에서도 넷째이고,
뒤에서도 넷째야.

상윤

(   )명

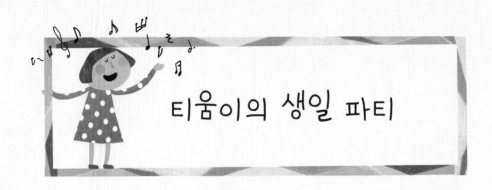

티움이의 생일 파티

티움이는 엄마에게 이상한 이야기를 들었어요. 부엌이 날마다 조금씩 달라져 있다는 거예요. 식탁과 의자는 그대로 있지만 도마나 컵, 국자 같은 작은 물건들이 자리가 바뀌어 있다고 했어요.

"엄마 혹시 도깨비나 유령의 짓이 아닐까요?"

티움이는 도깨비나 유령이 무섭기보다 실제로 한번 만나 보면 좋겠다고 생각했어요.

"얘는. 도깨비나 유령이 어디 있니? 그것보다 내일 네 생일에 친구들이 몇 명 온다고 했지?"

"동균이, 민혜, 정열이. 세 명이 올 거예요. 그래도 음식은 더 많이 있어야 해요!"

엄마는 빙그레 웃으며 걱정 말라고 하셨지요. 티움이는 부엌에 있는 물건들의 숫자와 원래 위치를 적어 놓기로 했어요. 그래야 물건의 숫자가 바뀌면 한눈에 알아차릴 수 있을 테니까요.

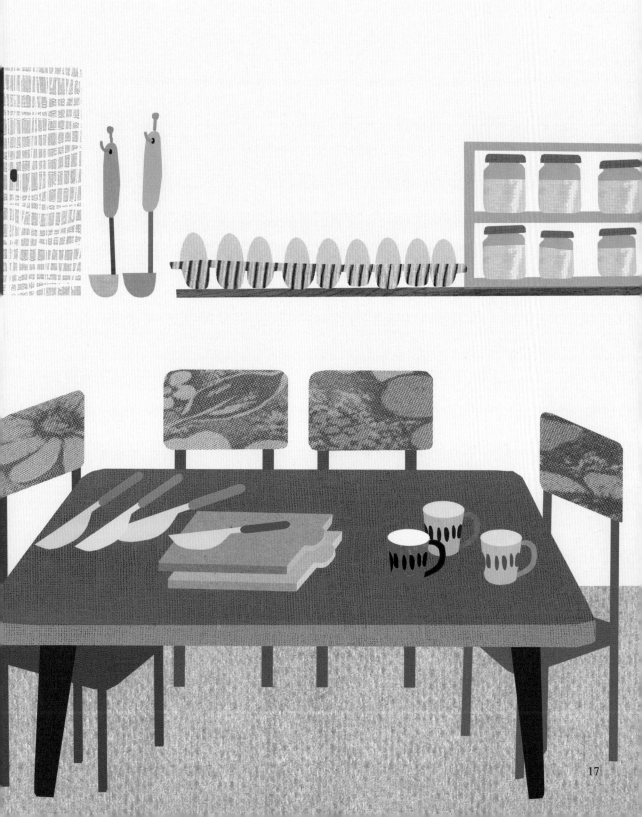

그날 밤, 초대장을 만들고 있던 티움이는 '부스럭' 소리를 듣고 부엌으로 갔어요. 혹시 유령이라도 나타난 걸까요? 그런데 불을 켠 티움이는 깜짝 놀랐어요. 생쥐 두 마리가 부엌 바닥에 있었어요. 다른 생쥐들과 다른 점이라면 근사한 모자를 쓰고 셔츠까지 갖춰 입었다는 거예요. 소스라치게 놀란 것은 생쥐들도 마찬가지였지요.

"헉, 사람에게 들켰어!"

티움이는 엎드려서 생쥐들을 들여다보았어요. 모자를 쓴 생쥐는 통통하고 멜빵 바지를 입었지요. 날씬한 생쥐는 줄무늬 셔츠를 입고 있었어요.

"너희들이 그동안 부엌을 바꿔 놓은 거지? 걱정 마. 엄마에게는 말하지 않을게."

"미안해. 조심한다고 했는데. 난 보보, 이쪽의 통통한 친구는 투투야."

보보와 투투는 사람들의 집을 다니며 세상 구경을 하고 있다고 했어요. 보보와 투투는 티움이에게 그동안 사람들의 집에서 겪은 모험 이야기를 들려주었어요.

"이렇게 늦게 잠자리에 들지 않고 뭘 하고 있었어?"

투투가 물었어요.

"내일이 내 생일이라 생일 파티 초대장을 만들고 있었어."

"정말? 축하해! 우리도 초대해 주면 안 될까?"

보보와 투투는 파티가 열린다는 얘기에 신이 났어요. 티움이는 생일 파티에서 자기가 제일 좋아하는 떡볶이와 닭다리를 먹을 거라고 했어요. 그 얘기를 듣자마자 투투의 배에서 꾸르륵 소리가 났답니다. 티움이와

보보는 깔깔대며 웃었어요. 생쥐들은 티움이가 초대장 만드는 것을 도와
주었어요.

다음 날 학교에서 돌아오자 엄마가 티움이 생일 파티를 준비하고 계셨
어요.

"티움아, 냄비를 가져다 주겠니?"

엄마의 말에 티움이는 고개를 두리번거렸어요.

"냄비는 둘째 서랍 셋째 칸에 있단다."

티움이는 얼른 냄비를 찾아 엄마에게 가져다 드렸어요.

"엄마, 저도 도울까요?"

"그래 줄래? 떡볶이를 만들려면 우선 재료를 잘 씻어서, 육수에 양념

을 넣고 먼저 끓여야 해.”

떡, 어묵, 채소, 육수, 양념장, 달걀, 깨…… 티움이는 떡볶이를 만들기 위한 재료들을 가져왔어요. 그리고 채소를 먼저 씻었지요. 그 사이 엄마는 달걀을 삶으셨어요.

“그 다음에는 떡과 어묵을 넣고 끓이다가, 씻어 두었던 야채들과 삶은 달걀을 넣은 뒤 마지막에 깨를 뿌리면 된단다.”

떡볶이가 완성되자 고소한 냄새가 부엌에 가득 찼어요. 떡볶이만이 아니에요. 티움이가 좋아하는 닭다리는 물론, 과자와 과일도 한 상 가득 차려졌지요.

“엄마, 마실 것은 무엇을 꺼낼까요?”

“떡볶이가 매울지도 모르니까, 우유나 주스를 꺼내렴. 유통기한이 얼마나 남았는지 모르겠네.”

“유통기한이 내일까지예요. 아직은 마실 수 있어요.”

그때 “딩동 딩동” 벨이 울렸어요.

“친구들이 왔나보다!”

티움이는 얼른 나가서 동균이와 민혜, 정열이를 반갑게 맞이했어요. 예쁘게 포장된 선물을 들고 온 친구들은 맛있는 음식이 가득 차려진 식탁을 보고 환호성을 질렀지요. 모두들 둘러앉아 음식을 맛있게 먹었어요. 그때였어요.

“티움아, 티움아!”

식탁 아래에서 속삭이는 소리가 나서 내려다보니, 바로 어젯밤에 만난 생쥐, 보보와 투투였어요.

"너희들도 어서 와. 함께 생일 파티를 하자."

티움이는 친구들에게 생쥐들을 소개했어요. 보보와 투투는 모자를 벗으며 근사하게 허리를 숙여 멋지게 인사했지요. 어쩐지 엄마의 눈에는 생쥐들이 보이지 않는 것 같아요. 생일 파티에서 가장 인기가 있었던 음식은 닭다리였답니다. 보보와 투투가 오기 전에 이미 동이 났지요. 정열이는 닭다리를 다섯 개나 먹었어요. 동균이는 네 개, 민혜도 닭다리를 두 개 먹었지요. 티움이는 보보와 투투랑 이야기를 하느라 닭다리를 한 개밖에 먹지 못했어요.

"닭다리는 벌써 다 떨어졌어. 떡볶이도 정말 맛있으니까 마음껏 먹어."

다들 볼록 나온 배를 두드리는데 한쪽 구석 어디선가 '뿌웅' 소리가 크게 났어요. 친구들은 범인을 찾아 서로 얼굴을 쳐다보았지요. 방귀소리의 범인은 바로 투투였어요. 투투가 멋쩍은 듯 키득거렸어요.

"윽, 냄새!"

티움이와 친구들은 코를 막으면서도 까르르 웃었답니다.

01 앞의 이야기, 재미있게 읽었나요? 오른쪽 그림을 보고 티움이네 주방에 있는 물건의 개수를 세어 봅시다.

물건	식탁	의자	칼	도마	컵	국자	양념통	달걀
개수								

02 주방에 있는 물건의 개수를 비교해 보세요. 티움이네 주방에 있는 물건들을 보고 알맞은 문장이 되도록 ○ 해 봅시다.

- 식탁은 의자보다 (많습니다, 적습니다)

- 칼은 도마보다 (많습니다, 적습니다)

- 양념통은 국자보다 (많습니다, 적습니다)

- 달걀은 컵보다 (많습니다, 적습니다)

22

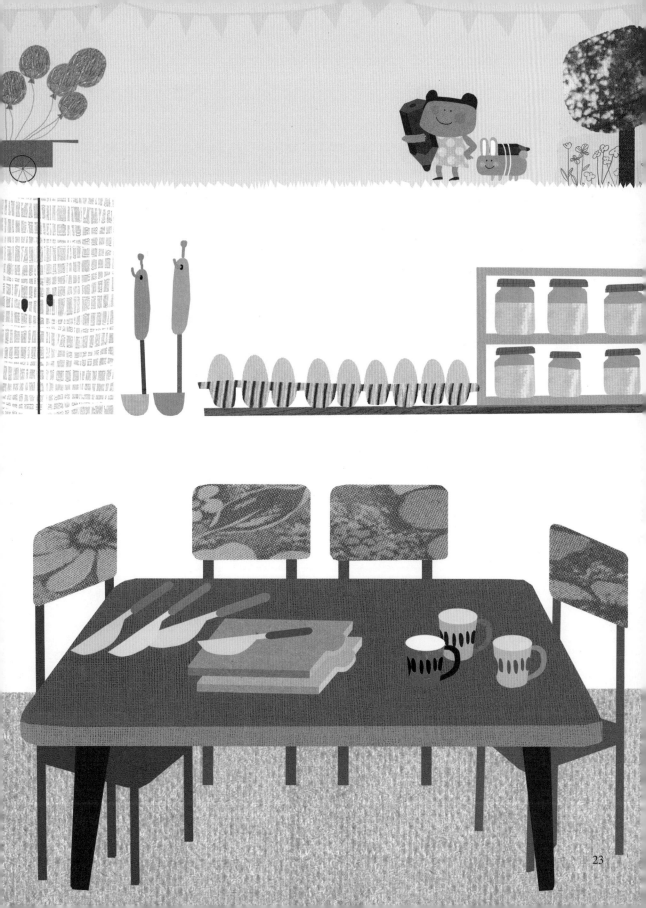

03 티움이는 자신의 생일 파티에 모두 3명의 친구를 초대했지요? 내가 생일 파티를 연다면 누구를 초대할 것인지 친구 이름을 써 보고, 모두 몇 명인지도 써 보세요.

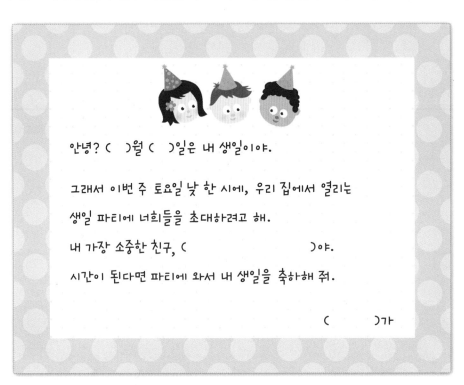

안녕? (   )월 (   )일은 내 생일이야.

그래서 이번 주 토요일 낮 한 시에, 우리 집에서 열리는

생일 파티에 너희들을 초대하려고 해.

내 가장 소중한 친구, (   )야.

시간이 된다면 파티에 와서 내 생일을 축하해 줘.

(   )가

● 내 생일 파티에 초대하려고 하는 친구는 모두 (   )명입니다.

04 엄마가 티움이에게 냄비를 가져오라고 하셨어요.

(1) 냄비가 어디에 있는지 그림 위에 ◯ 해 보세요.

(2) 엄마가 냄비의 위치를 둘째 서랍의 셋째 칸에 있다고 알려 주셨습니다. '둘째', '셋째'와 같이
순서를 표현하는 말을 사용하지 않고 냄비의 위치를 설명해 보세요.

 "티움아, 냄비는 _____

_____

_____ 에 있어."

순서를 표현하는 말을 쓰지 않으면
설명하기가 어렵지요?
무엇의 위치를 표현할 때, 첫 번째,
두 번째와 같이 순서를 표현하는
말을 사용하면 편리합니다.

05 다음은 엄마가 설명해 주신 떡볶이를 만드는 방법이에요.

[1] 각 순서가 몇 번째에 해야 할 일인지 써 봅시다.

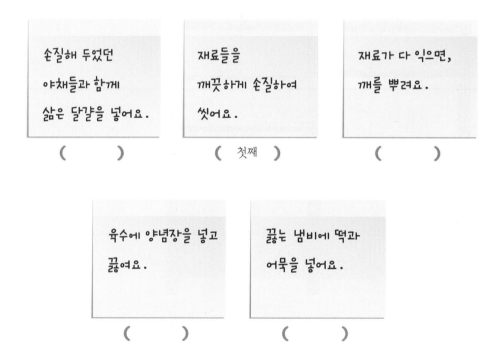

손질해 두었던 야채들과 함께 삶은 달걀을 넣어요. ( )

재료들을 깨끗하게 손질하여 씻어요. (첫째)

재료가 다 익으면, 깨를 뿌려요. ( )

육수에 양념장을 넣고 끓여요. ( )

끓는 냄비에 떡과 어묵을 넣어요. ( )

[2] 순서를 표현하는 말을 사용하여 설명하면 어떤 점이 좋은지 써 봅시다.

26

06 달걀을 삶는 법을 설명해 보세요.

(1) 달걀을 삶아 보아요.

● 첫째, 냄비에 달걀이 잠길 정도로 물을 넣고 가스렌지에 불을 켜.

● (　　　), _____

● (　　　), 냄비에 찬물을 넣고 삶아진 달걀을 꺼내면 완성!

(2) 부모님과 함께 달걀을 삶아 봅시다.

07 떡볶이에 삶은 달걀을 넣을 거예요. 계란 판에 놓여있는 계란을 하나씩 꺼낼 때마다 몇 개의 달걀이 남는지 숫자로 써 보세요.

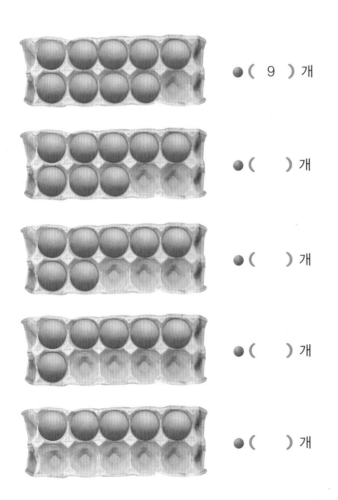

● (9) 개

● ( ) 개

● ( ) 개

● ( ) 개

● ( ) 개

28

08 다음에 공통적으로 들어갈 숫자를 써 봅시다.

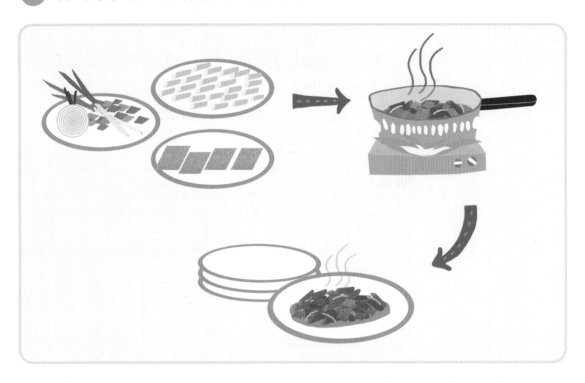

● 떡 24개를 모두 다 써서 (　　　)개가 남았어요.

 ● 오뎅 4장을 모두 다 써서 (　　　)개가 남았어요.

● 야채 한 접시를 다 써서 남은 야채가 없어요.

이야기로 푸는 창의 문제

09 오늘은 3월 6일입니다. 냉장고 속 우유와 음료의 유통기한을 살펴보아요.

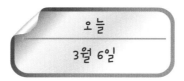

오늘

3월 6일

[1] 티움이가 냉장고에서 우유를 꺼냈더니, 유통기한이 내일까지네요. 우유의 유통기한이
몇 일까지인지 써 봅시다.

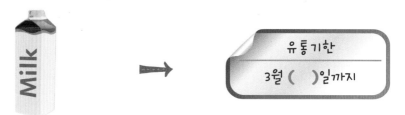

유통기한

3월 (   )일까지

[2] 다음 대화를 읽고 괄호에 알맞은 숫자를 써 넣으세요.

어머나! 콜라의 유통기한이 하루 지났네. 먹을 수 없겠구나.

그럼 오렌지 주스를 마셔. 오렌지 주스는 유통기한이
내일 모레까지야.

유통기한

3월 (   )일

유통기한

3월 (   )일까지

10 닭다리를 먹은 개수를 비교해 보세요.

(1) 친구들이 먹은 닭다리의 수만큼 ◯를 그려 봅시다.

동균	민혜	정열	티움

(2) 닭다리를 많이 먹은 친구들의 순서대로 이름을 써 봅시다.

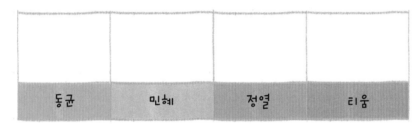

(3) 닭다리는 처음에 모두 몇 개였을까요?

(   ) 개

(4) 모든 친구들이 똑같이 닭다리를 나눠 먹으려면 한 사람이 몇 개씩 먹어야 할지 △를 그려 표시해 봅시다.

동균	민혜	정열	티움

01 티움이는 학교에서 '잘잘잘'이라는 노래를 배웠습니다.

하나하면 할머니가 지팡이를 짚는다고 잘잘잘

둘하면 두부장수 두부를 판다고 잘잘잘

셋하면 새색시가 거울을 본다고 잘잘잘

(①)하면 냇가에서 빨래를 한다고 잘잘잘

(②)하면 다람쥐가 도토리를 줍는다고 잘잘잘

여섯하면 여학생이 공부를 한다고 잘잘잘

일곱하면 일꾼들이 나무를 밴다고 잘잘잘

(③)하면 엿장수가 호박엿을 판다고 잘잘잘

아홉하면 ⬤＿＿＿＿＿＿＿＿＿ 잘잘잘

(④)하면 열무장수 열무가 왔다고 잘잘잘

(1) 노래 가삿말을 보고 괄호 안에 알맞은 숫자의 이름을 써 보세요.

① (   )   ② (   )

③ (   )   ④ (   )

(2) '아홉하면' 뒤에 오면 좋을 것 같은 가사를 만들어 보세요.

● 아홉하면 (   ) 잘잘잘

(3) 신 나게 노래를 불러 봅시다.

33

02 티움이는 오늘 과학 책에서 아래와 같은 내용을 보았습니다. 그림을 보고 괄호 안에 들어갈 가지의 개수를 숫자로 써 보세요.

대부분의 식물은 잎이 나거나, 가지가 돋을 때, 아래와 같은 순서로 자랍니다.

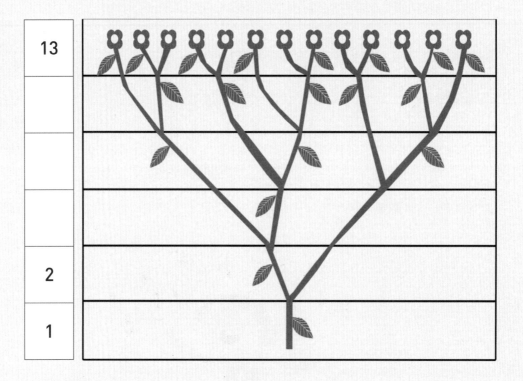

이 숫자를 쭉 늘어 놓으면 앞의 두 숫자의 합이 뒤의 숫자가 되는 규칙을 찾을 수 있습니다. 이러한 수를 '피보나치 수' 라고 합니다.

피보나치는 이탈리아의 수학자입니다. 27살이던 1202년에 <계산판에 관한 책>을 출간했는데, 당시 알려져 있던 수학에 대해 자세히 적은 책이 지요. 그 책에 나오는 문제 중에서 토끼의 번식에 관한 문제가 있었습니다.

'한 쌍의 토끼가 매달 한 쌍의 토끼를 낳고, 새로 태어난 한 쌍의 토끼는 두달이 지나면서부터 매달 한 쌍의 토끼를 낳는다면, 1년 뒤에 토끼는 모두 몇 쌍이 되어 있을까' 하는 문제입니다.

1, 1, 2, 3, 5, 8, 13, 21, 34, 55, 89, 144로 늘어나는 이 숫자는 '피보나치 수열'이라는 이름을 갖게 되었어요. 이 숫자가 관심의 대상인 이유는 식물이나 곤충, 꽃 등에서 이 수를 자주 볼 수 있기 때문이에요. 또 피보나치 수열은 뒤로 갈수록 점점 커지는데 앞의 수를 뒤의 수로 나누었을 때 나오는 수는 미술과 건축에서 황금비율로 많이 쓰인답니다.

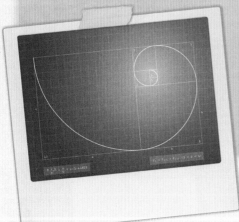

2 도형

여러 가지 모양

1 2 3 4 5 6 7 8 9 10 11 12 13 14 15
16 17 18 19 20 21 22 23 24 25 26 27 28 29 30
31 32 33 34 35 36

 1학년 **1**학기 **2**단원 여러 가지 모양

세상에 있는 수많은 물건들은 모두 다르게 생겼어요.
하지만 자세히 살펴보면 비슷한 모양들로 나누어 볼 수 있어요.
동그란 공 모양, 둥근 기둥 모양, 네모난 상자 모양…….
각기 다른 물건들을 비슷한 모양끼리 묶어 보면 참 재미있어요.

★
01 왼쪽과 같은 모양을 찾아 ◯표 하세요.

(1)
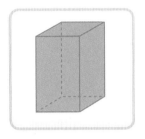         

(   )   (   )   (   )

(2)

(   )   (   )   (   )

(3)

(   )   (   )   (   )

02 다음 물건 중 ▮, ▮, ● 모양인 물건의 개수를 각각 세어 보세요.

(   )개   (   )개   (   )개

03 다음 친구가 설명하는 모양이 무엇인지 ○ 해 보세요.

(1)

이것은 평평한 부분이 두 군데야.
비스듬한 면에서 잘 굴러가.

(2)

뾰족한 부분이 있어.
잘 굴러가지 않아.

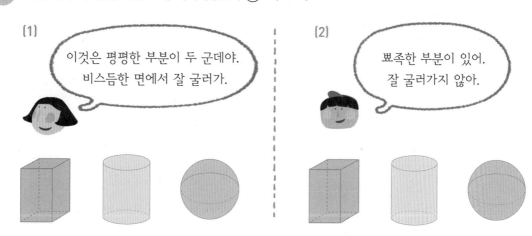

★
04 주사위 놀이를 하는 아이와 테니스를 치는 아이에게 각각 필요한 물건을 찾고, 그 물건과 같은 모양을 골라 연결해 보세요.

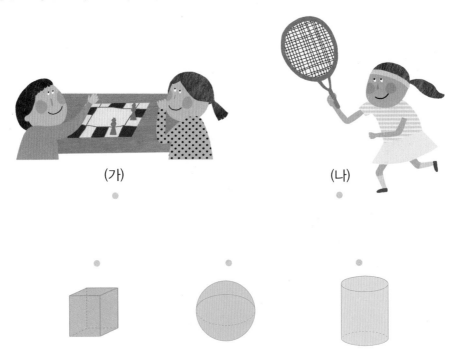

(가)

(나)

★
05 다음 물건을 만들 때 필요한 모양과 짝지어 보세요.

(1) 연필꽂이를 만들 때 사용하고 싶어요.

(2) 자전거 바퀴를 만들 때 사용하고 싶어요.

(3) 축구공을 만들 때 사용하고 싶어요.

★
06 다음 모양들을 모두 사용하여 만든 것은 어느 것인가요?

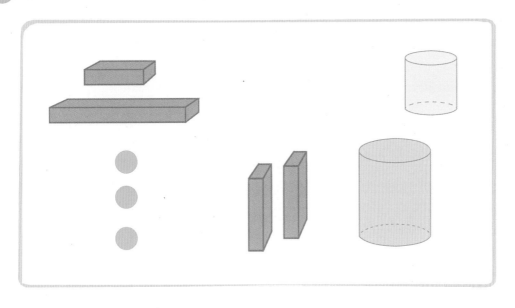

(가)

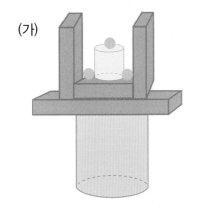

(나)

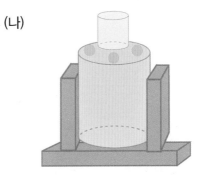

★
07 다음은 윤정이와 상윤이의 대화입니다. 두 사람의 이야기를 듣고 알맞은 모양을 찾아
○ 하세요.

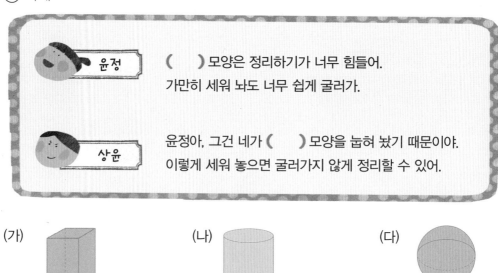

윤정   (   ) 모양은 정리하기가 너무 힘들어.
가만히 세워 놔도 너무 쉽게 굴러가.

상윤   윤정아, 그건 네가 (   ) 모양을 눕혀 놨기 때문이야.
이렇게 세워 놓으면 굴러가지 않게 정리할 수 있어.

(가)   (나)   (다)

★
08 티움이는 <보기>의 모양이 그려진 그림을 갖고 있었습니다. 그런데 동생이 실수로 그 그림을
찢어 버렸습니다. 찢겨진 그림을 보고 원래 모양이 무엇인지 그려 보세요.

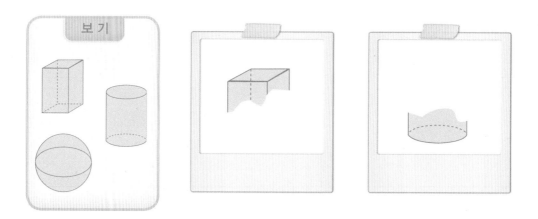

09 티움이는 여러 가지 모양을 규칙적으로 늘어놓는 놀이를 하였습니다.

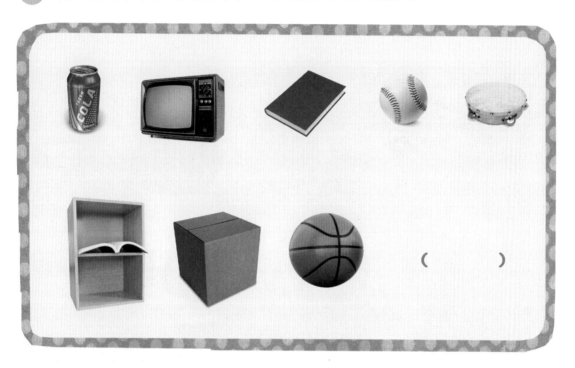

(1) 다음 중 티움이가 세운 규칙이 무엇인지 고르세요.

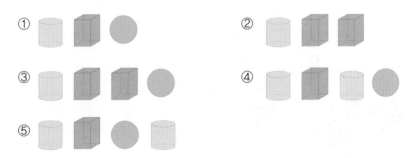

(2) 위의 규칙에 따라 (   ) 에 들어갈 물건 하나를 생각해서 써 보세요.

(   )

★
10 해리포터가 볼드모트에게 쫓기고 있습니다. 해리포터가 볼드모트에게 잡히지 않고 동굴 밖
으로 빠져나갈 수 있는 길을 찾아봅시다.

(1) 해리포터가 동굴 밖으로 나가며 지나치는 물건들의 이름을 써 봅시다.

_____

_____

(2) 위의 답에 적은 물건을 모양대로 분류하여 어떤 모양의 물건이 몇 개인지 표를 채워 봅시다.

	(　　　　) 개
	(　　　　) 개
	(　　　　) 개

동균이의 블록 놀이

토요일 저녁이에요. 동균이네 집에 손님이 왔지요. 바로 티움이네 생일 파티에서 만난 생쥐들, 보보와 투투예요. 동균이는 엄마 아빠가 눈치채지 못하게 보보와 투투를 자기 방으로 안내했어요. 동균이의 방에는 온갖 것을 만들 수 있는 블록이 가득 있었어요.

"와! 재미있겠다!"

"어린이날 선물로 받은 거야. 이걸로 뭘 만들어 볼까?"

"음, 멋진 성을 쌓으면 어떨까?"

보보와 투투는 예전에 영화의 나라를 여행할 때 보았던 슈렉과 피오나 공주의 멋진 성을 떠올렸어요. 그 말을 들은 동균이는 블록 책자를 뒤져서 성 그림을 찾아냈어요. 생쥐들과 함께 성을 쌓기로 했지요.

튼튼한 성을 짓기 위해서는 밑바닥부터 단단하게 짓는 게 중요했어요. 그래서 커다랗고 얇은 직육면체를 놓고 아래에 높이가 같은 정육면체를 4개 세웠답니다. 가운데에는 동그란 구를 받쳐 놓았지요. 또 커다란 직육면체를 뒤에 대었어요. 또 원기둥과 원뿔도 쌓기 시작했지요. 블록 책자를 보고 똑같이 성을 쌓는 일은 쉽지 않았어요. 보보와 동균이는 머리를 맞대고 고민했지만 투투는 금방 흥미를 잃어버렸어요.

"괴상한 성이야. 슈렉의 성은 저렇지 않았다고. 동균아, 뭐 맛있는 것 좀 없을까?"

투투는 투덜거리면서 딴청을 피웠어요. 동균이와 보보는 들은 척도 하지 않고 성 만들기에 열중했어요. 투투는 방귀를 뀌어 관심을 끌어보려고 했지요.

"뽕!"

동균이와 보보는 코를 막으며 슈렉 성을 지킬 문지기를 만들기 시작했어요. 동균이는 블록 상자 안에서 네모난 몸에 둥근 기둥의 팔과 다리를 골랐어요.

"얼굴은 어떡하지?"

"동그란 모양으로 얼굴을 만들면 되겠다."

"에이, 나는 마차가 있었으면 좋겠어. 타고 놀 수 있게."

투투가 또 불만스러운 표정을 지으며 끼어들자 보보는 얼른 투투의 입을 막았어요. 또 방귀를 뀔까 봐서요. 동균이는 깔깔 웃으며 투투와 보보가 함께 타고 놀 수 있는 마차를 만들었어요. 그런데 마차가 잘 굴러가지 않았지요.

"어딘가 이상한데? 굴러가려면 바퀴 모양이 둥근 모양이어야 할 것 같아."

보보의 말에 동균이는 고개를 끄덕였어요.

"그렇구나. 굴러가는 방향으로 돌아갈 수 있도록 해야겠어."

그때 동생 민혜가 들어오며 생쥐들을 보고 반겼어요.

"어? 보보랑 투투구나!"

"민혜야, 안녕. 그런데 먹을 것 좀 없니?"

투투가 인사를 하기가 무섭게 먹을 것을 찾았어요. 민혜는 가져온 클레이 점토로 음식 모양을 만들기 시작했어요.

클레이 점토를 둥글게 말아서 둥근 기둥 모양으로 만든 다음 칼로 잘랐더니 김밥이 되었답니다. 점토를 네모 모양으로 뭉친 다음 위로 쌓으니 케이크가 되었고요. 점토를 손으로 동그랗게 비벼 이으면 도넛이 되지요. 동균이와 민혜는 음식을 놓을 수 있는 둥근 식탁을 만들어 음식 모양을 올려놓았어요.

투투가 침을 꿀꺽 삼키며 음식을 한입 크게 베어 물었어요.

"아휴, 이게 뭐야. 흙 맛이잖아. 퉤퉤."

그 모습에 투투를 빼고는 모두 까르르 웃었어요.

노는 시간은 빨리 흘러가지요. 어느덧 저녁이 되었나 봐요. 어른들에게 들키기 전에 집에 돌아가려던 보보와 투투가 깜짝 놀라 소리를 질렀어요.

"악! 괴물이다!"

"괴물이 아니라 그림자야."

동균이가 벽에 비친 보보와 투투의 그림자를 손가락으로 가리켰어요. 조그마한 보보와 투투의 크기와 달리 그림자는 괴물처럼 크고 이상한 모양이었어요.

"그림자는 물건의 모양과 똑같은 것 아닌가?"

보보가 고개를 갸웃했지요. 동균이는 동그란 모양과 넓적하고 둥근 모양, 그리고 네모난 모양 블록을 가져와서 이쪽저쪽에 빛을 비추었어요. 그런데 빛이 비치는 방향에 따라 다른 모양의 그림자가 나타났지요.

"아하, 그래서 우리가 그렇게 보인거구나?"

보보와 투투는 그제야 알았다는 듯이 고개를 끄덕였지요. 그때 방문이 삐걱 열리며 엄마가 고개를 내밀고 말씀하셨어요.

"자기 전에 블록들을 정리하렴."

"네!"

동균이와 민혜가 한 목소리로 대답했지요. 투투는 자기가 도와주겠다고 나섰어요. 동균이와 투투는 블록 상자 안에 블록들을 다투듯 마구잡이로 집어넣었어요.

"블록이 다 들어가지 않네."

"블록들을 마구 넣으니까 그렇지!"

민혜와 보보가 같이 말했어요. 민혜는 마구잡이로 쌓인 블록들을 도로 꺼내어, 크기와 모양이 비슷한 것끼리 모아 상자에 담았어요. 모양을 맞추어 담으니 넘치지 않고 블록들은 모두 상자에 차곡차곡 정리되었지요.

"이제 우리도 돌아갈게."

보보와 투투도 작별 인사를 했어요. 방에 불이 꺼지고 동균이와 민혜도 잠자리에 들었어요. 보보와 투투가 살금살금 방문을 닫으며 돌아보니 블록으로 쌓은 슈렉의 성이 잠깐 반짝 빛났답니다.

01 다음은 동균이의 블록 책에 나와 있는 성 그림입니다. 동균이가 성을 만들기 위해 필요한 블록에 ◯ 해 보세요.

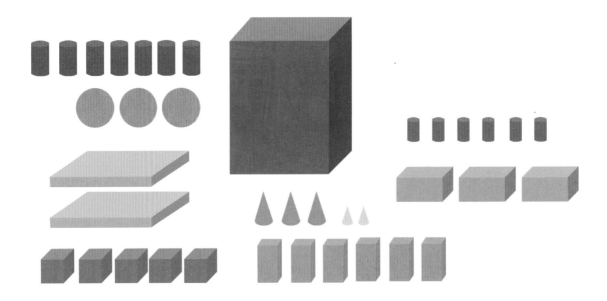

 다음은 동균이가 만든 성을 지키는 문지기에 대한 설명입니다.

(1) 동균이의 설명을 듣고 문지기가 어떻게 생겼는지 골라 보세요.

> 보기
>
> 문지기는 네모난 몸에 둥근 기둥 모양의 팔, 다리를 가졌어.
> 얼굴은 어떤 방향에서 보든 동그랗지.

①   ②   ③

(2) 내가 가장 좋아하는 장난감 하나를 가져와 그림을 그리고 어떻게 생겼는지 동균이처럼
설명해 보세요.

★★
03 다음은 동균이가 만든 마차입니다.

(1) 마차에서 어색한 부분을 골라 ◯ 해 보세요.

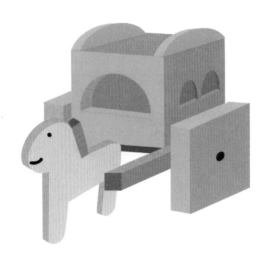

(2) 어색한 부분을 고치기 위해 필요한 부품을 골라 보세요.

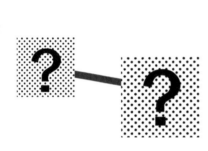

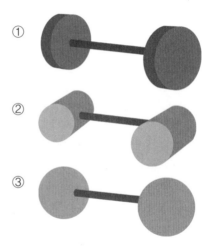

54

04 다음은 동균이와 민혜가 음식 모형을 만들기 위해 클레이 점토를 빚는 과정입니다. 각각의 과정을 거쳤을 때, 어떤 모양의 음식이 나올지 짝지어 보세요.

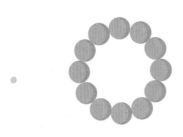

 05 동균이는 만든 음식을 놓을 식탁이 필요하다고 생각했어요. 블록 바구니에 가까이 앉은 민혜에게 식탁을 만들 블록을 가져다 달라고 부탁합니다.

(1) 동균이의 설명을 듣고 동균이가 식탁을 만드는 데 필요한 블록이 무엇인지 골라 보세요.

민혜야. 동그랗고 평평한 면이 넓게 위, 아래로 있는 블록 하나가 필요해.

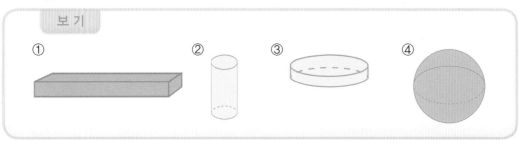

보기

① ② ③ ④

(2) 다음 블록을 보고 동균이가 되어 민혜에게 필요한 부품을 설명해 봅시다.

이건 식탁의 다리로 쓸 블록이야.
블록을 좀 찾아 줘.

어떻게 생겼는데?

06 민혜는 동균이가 부탁한 식탁 다리를 찾기 위해 블록 바구니를 봤습니다. 블록이 많이 쌓여 있어서 일부분만 보이네요. 민혜가 어떤 블록을 찾아가야 할지 색칠해 보세요.

07 동균이, 민혜가 함께 그림자 놀이를 했습니다. 물체의 옆면에 빛을 비추었을 때 나타나는 그림자를 보고 원래는 어떤 모양일지 맞추어 보세요.

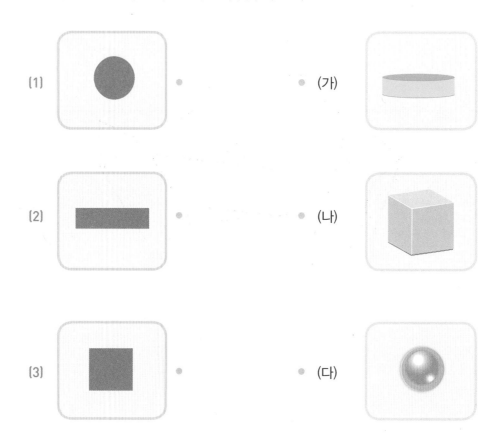

(1)　　　　　　　　　(가)

(2)　　　　　　　　　(나)

(3)　　　　　　　　　(다)

* 준비물 : 손전등

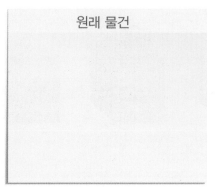

원래 물건

그림자 1

그림자 2

이야기로 푸는 창의 문제

 09 동균이는 블록 정리를 위해 다음과 같이 하였습니다.

청소는 빠른 게 최고, 아무거나 잡히는 대로 담아야지!

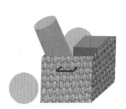  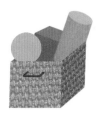

〔1〕 블록이 왜 바구니에 넘쳤는지 써 보세요.

_____

_____

〔2〕 어떻게 정리하면 좋을지 생각해 보세요.

 "가장 좋은 정리 방법은 (   )."

10 동균이는 오늘 블록 놀이를 하며 블록을 크게 세 종류로 나눌 수 있다는 것을 알았어요. 분류된 블록들을 보고 뭐라고 부르면 좋을지 <보기>와 같이 이름을 짓고 그 이유를 써 보세요.

보 기

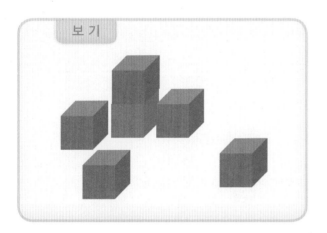

이 블록들은 상자 모양이야.
왜냐하면 모든 부분이 평평해서
상자 모양과 닮았기 때문이지.

(1) 이 블록들은 " (   ) "야.

왜냐하면 _____ 때문이야.

(2) 이 블록들은 " (   ) "야.

왜냐하면 _____ 때문이야.

01 다음은 '빙빙 돌아라'의 가사입니다.

...

손을 잡고 왼쪽으로 빙빙 돌아라.

손을 잡고 오른쪽으로 빙빙 돌아라.

뒤로 살짝 물러났다 앞으로 다시 들어가

손뼉 치며 빙빙 돌아라.

...

손을 잡고 왼쪽으로 빙빙 돌아라.

손을 잡고 오른쪽으로 빙빙 돌아라.

뒤로 살짝 물러섰다 앞으로 다시 모여서

손뼉 치고 술래는 빠져라.

(1) 노래 가사에 따라 율동하면 그려지는 모양을 바르게 말한 사람을 골라 봅시다.

의자가 있어야 할 수 있어.　　　　　　　　（　　　）

책이나 공책의 모양과 비슷해.　　　　　　　（　　　）

동그란 모양으로 '강강수월래'와 비슷한 모양이야.　（　　　）

(2) 노래 가사에 따라 율동을 하면 그려지는 모양과 비슷한 모양의 물건을 세 가지
써 봅시다.

（　　　　　）,　　　（　　　　　）,　　　（　　　　　）

02 동균이네 가족은 TV에서 네모난 수박을 개발하여 판다는 내용의 뉴스를 보게 되었습니다. 네모난 수박을 보시던 어머니께서 다음과 같이 말하였습니다. 수박의 모양을 비교해 보고 어머니의 대화로 알맞은 말에 ○ 해 보세요.

 어머! 동그란 수박은 (맛이 없었는데, 씨가 많았는데, 자르기 힘들었는데) 네모난 수박은 그렇지 않겠구나!

3 연산

덧셈과 뺄셈

1 2 3 4 5 6 7 8 9 10 11 12 13 14 15
16 17 18 19 20 21 22 23 24 25 26 27 28 29 30
31 32 33 34 35 36

1학년 **1**학기 **3**단원 덧셈과 뺄셈

1, 2, 3, 4, 5, 6, 7, 8, 9

숫자를 잘 살펴보세요.

오른쪽 숫자는 바로 왼쪽 숫자보다 하나 더 크지요.

왼쪽 숫자는 오른쪽 숫자보다 하나 작아요.

3은 2와 1로 가를 수 있지요.

1과 2를 모으면 3이 되지요.

모으기는 덧셈, 가르기는 뺄셈이라고 합니다.

★
01 그림을 보고 빈칸에 알맞은 수를 써넣으세요.

(1)

(2)

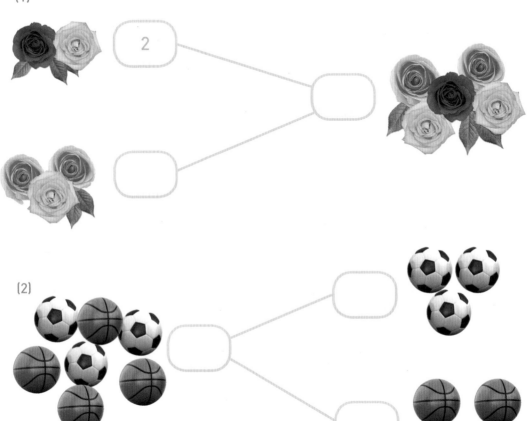

★
02 빈칸에 알맞은 수를 써넣으세요.

(1)

5	
2	

(2)

2	6

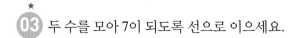

03 두 수를 모아 7이 되도록 선으로 이으세요.

3 •   • 6

1 •   • 4

2 •   • 5

04 진영이는 초콜릿 6개를 두 손에 나누어 집었습니다. 한 손에 2개를 집었다면 다른 손에는 몇 개를 집었을지 구하세요.

(   ) 개

05 그림에 알맞은 식을 쓰고 읽어 보세요.

(1)

쓰기 _____

읽기 _____

(2)

쓰기 _____

읽기 _____

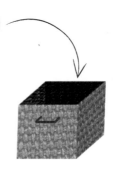

06 빈칸에 알맞은 수를 써넣으세요.

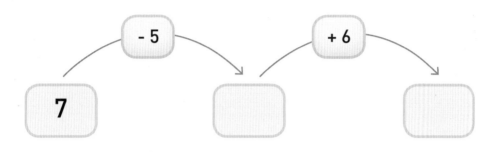

★
07 영수의 필통에는 연필이 5자루 있었는데 2자루를 짝에게 빌려 주었습니다. 영수의 필통에 남아 있는 연필은 몇 자루인지 구하세요.

(   ) 개

★
08 ☐ 안에 알맞은 수를 써넣으세요.

(1) $3 + \boxed{} = 8$ → $8 - \boxed{} = 3$

(2) $9 - \boxed{} = 3$ → $3 + \boxed{} = 9$

09 ㉠에 들어갈 수 있는 수를 구하는 풀이 과정을 쓰고, 답을 구하세요.

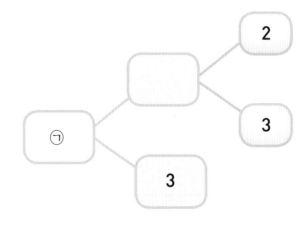

● 풀이 과정

10 다음 세 숫자 카드를 사용하여 덧셈식 2개와 뺄셈식 2개를 만드세요.

● 덧셈식

(   )

(   )

● 뺄셈식

(   )

(   )

샛별이의 화장실 청소

"화장실이 이게 뭐니? 안 되겠다. 화장실을 말끔하게 정리하렴. 다음 사람이 쓰기 좋게."

화장실에서 목욕을 하고 막 나오는 샛별이를 엄마가 부르셨어요. 머리를 털던 수건을 휙 던지려던 샛별이는 엄마의 말에 은근히 심통이 났어요.

'쳇! 이걸 언제 다 정리하지?'

화장실에 다시 들어가 보니 온갖 물건들이 어질러져 있었어요. 칫솔은 세면대 여기저기에 놓여 있었고 샴푸 통과 비누가 여기저기 나뒹굴고 있었지요. 어디서부터 청소를 시작해야 할지 몰라 망연자실한 샛별이 눈앞에 생쥐 두 마리가 나타났어요.

"샛별아, 뭐 하니?"

"으악! 생쥐가 말을 해!"

화장실에 쥐가 있는 것도 놀랄 일인데 쥐가 말까지 하는 것을 보고 샛

74

별이는 까무라칠 뻔했어요.

"놀라지 마. 우린 티움이네 사는 생쥐들이야. 나는 보보라고 해."

보보가 침착하게 말하며 샛별이를 안심시켰어요. 투투를 타박하는 것
도 잊지 않았지요.

"투투, 그렇게 갑자기 얼굴을 들이밀면 샛별이가 놀라잖아. 청소 중인가
본데 우리가 도와줄까?"

"와, 정말? 화장실에 생쥐가 있는 걸 알면 엄마가 싫어하시겠지
만…….. 청소를 도와준다니, 뭐 좋아."

샛별이가 생쥐들을 위아래로 훑어보며 말했어요.

"왜 귀찮은 일을 시작해서는……."

보보는 투덜거리기 시작하는 투투의 입을 얼른 막았어요.

일단 칫솔 꽂이에 칫솔을 꽂기로 했어요. 다른 사람이 쓰던 칫솔과 서
로 헷갈리면 안되니까 칫솔 꽂이에 각자 자리를 정해 두는 것이 중요해
요. 샛별이가 각자 자리에 맞는 칫솔을 찾으면 보보와 투투가 칫솔을 날
라 왔어요.

"이번엔 샴푸 통을 정리하자."

"원래 샴푸가 어느 자리에 있었는데?"

"기억이 잘 나지 않는데……."

샛별이가 샴푸를 둘 곳을 생각해 내는 사이 투투가 샴푸 꼭지에 털썩
주저앉았어요.

"으악!"

샴푸 통 밑에 서 있던 보보 머리 위로 샴푸가 뚝 떨어졌어요.

"이 참에 머리 감으면 되겠네."

투투가 보보를 놀려 댔지요. 샛별이는 낄낄 웃으며 보보를 세면대에서 씻겨 주었어요. 보보의 털이 온통 엉켰지요. 샛별이가 빗을 꺼내려고 화장실 서랍장을 열려고 하니 서랍장이 전부 잠겨 있었어요. 문에 달려 있던 열쇠는 바닥에 떨어져 있었지요. 투투는 투덜거리며 몸이 젖어 버린 보보 대신에 샛별이에게 열쇠를 집어 주었어요. 샴푸 통을 선반에 올려놓고 빗과 컵, 다른 물건들도 서랍장에 정리했지요.

"투투, 너도 목욕하는 게 어때? 우리 집엔 좋은 향기가 나는 비누가 많거든. 엄마랑 같이 만든 거야."

"와, 정말 좋은 향기가 나네? 이 비누에서는 무슨 향기가 날까?"

보보와 투투는 여러 가지 색깔의 비누를 집어 냄새를 맡아 보았어요.

"그래도 목욕은 싫다고."

투투는 퉁명스러운 목소리로 말했어요.

더러워진 화장실 바닥을 닦을 차례예요. 처음에는 무슨 무늬가 새겨져 있는지 알아보기도 어렵던 바닥이 깨끗해졌어요. 나뒹굴던 욕실 슬리퍼도 타일 위에 짝을 맞춰 올려 두었지요.

"어휴, 코야! 투투 너 또 방귀 뀌었어?"

보보가 코를 막으면서 투투를 가리켰어요. 투투가 억울한 표정을 지었지요.

"이번엔 정말 내가 뀐 게 아니란 말이야."

"저기에서 꼭 투투 방귀 냄새가 나는데?"

보보의 말에 샛별이는 구석에 쌓인 수건을 집어서 코에 대 보았어요.

"빨지 않은 수건과 세탁한 수건을 섞어 뒀더니 냄새가 나나 봐!"

수건까지 정리하고 나니 화장실이 환해졌어요. 보보가 손뼉을 치며 말했어요.

"화장실이 꼭 새 것 같아!"

깨끗해진 화장실을 본 샛별이네 엄마가 샛별이에게 작은 선물 상자를 주셨어요. 선물을 열어 보니 작고 귀여운 생쥐 인형이 두 개 들어 있었어요.

"이건 보보라고 이름 짓고 이건 투투라고 불러야겠다!"

샛별이가 엄마 몰래 보보와 투투에게 슬쩍 눈짓을 했어요.

01 샛별이는 칫솔 꽂이에 칫솔이 바르게 꽂혀 있지 않고 마구 어질러져 있는 것을 보았어요.
칫솔에 쓰인 대로 숫자를 더하면 어디에 칫솔을 꽂아야 하는지 알 수 있어요. 칫솔과 칫솔
꽂이를 선으로 연결해 주세요.

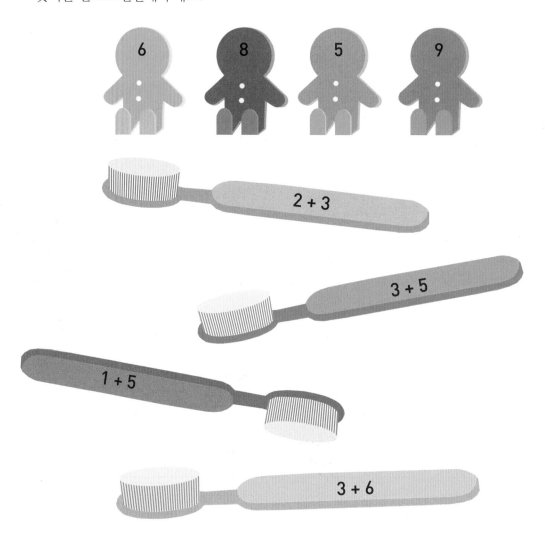

★★
02 바닥에 놓여 있는 샴푸를 제자리에 놓으려고 해요. 다음 빈칸을 채워 정답이 4인 곳을 고르면 샴푸의 원래 자리를 찾을 수 있어요.

왼쪽 선반	
5	
3	2

중앙 선반	
6	
4	2

오른쪽 선반	
9	
3	6

첫 번째 줄	
9	
7	

두 번째 줄	
5	3

세 번째 줄	
1	3

왼쪽	
9	
5	

중간	
7	
	2

오른쪽	
4	2

(중앙 선반   ), (   ), (   )에
_____

삼푸가 있습니다.
_____

03 물건들을 서랍장에 넣으려고 하자 서랍장이 잠겨 있는 것을 발견했어요. 서랍장과 열쇠에 쓰인 숫자를 모았을 때 9가 되면 서랍장이 열려요. 각 서랍장에 맞는 열쇠를 찾아 이어 주세요.

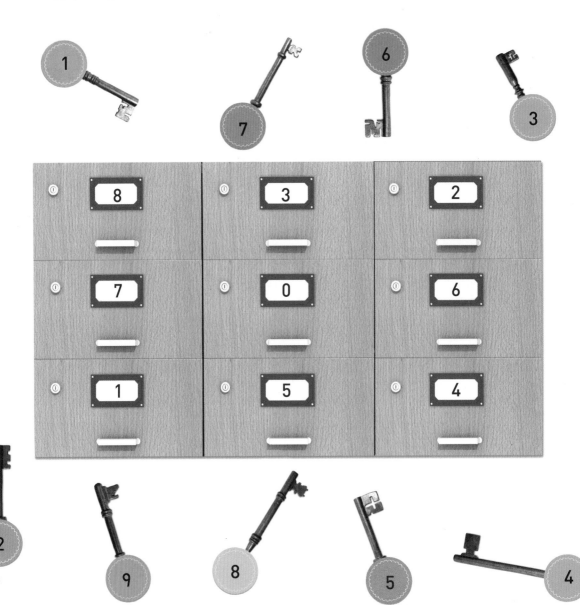

04 샛별이와 엄마는 함께 여러 가지 향기가 나는 천연 비누를 만들기로 했어요. 두 숫자를 더해 나오는 숫자가 비누의 숫자와 맞도록 알맞은 숫자를 적어 주세요.

05 어지럽게 놓인 물건들 때문에 바닥의 타일의 모양을 잘 알아볼 수 없었어요. 타일 위에 쓰인 식을 계산하여 값이 $5, 6, 7, 8, 9$인 칸에 색칠하면 타일의 무늬가 드러나요.

1 + 2	5 + 4	2 + 2	3 + 6	9 - 8
9 - 1	9 - 7	8 - 2	7 - 4	3 + 4
2 + 7	7 - 5	3 + 1	6 - 5	8 - 1
1 + 3	8 - 1	8 - 7	4 + 4	5 - 3
2 + 1	8 - 4	2 + 5	6 - 2	4 - 1

화장실을 청소하는 샛별이에게 엄마는 선물을 주기로 하셨답니다. 샛별이 선물은 계산 결과
가 7이 나오는 상자예요. 샛별이의 선물을 찾아 ◯ 표 하세요.

6 - 3

3 + 5

5 - 1

5 + 4

3 + 6

8 - 2

3 + 3

9 - 2

★★
07 화장실 슬리퍼가 짝을 찾지 못하고 여기저기 흩어져 있어요. 슬리퍼 안의 식을 보고 관련
있는 덧셈식과 뺄셈식을 연결해 슬리퍼의 짝을 찾아 보세요.

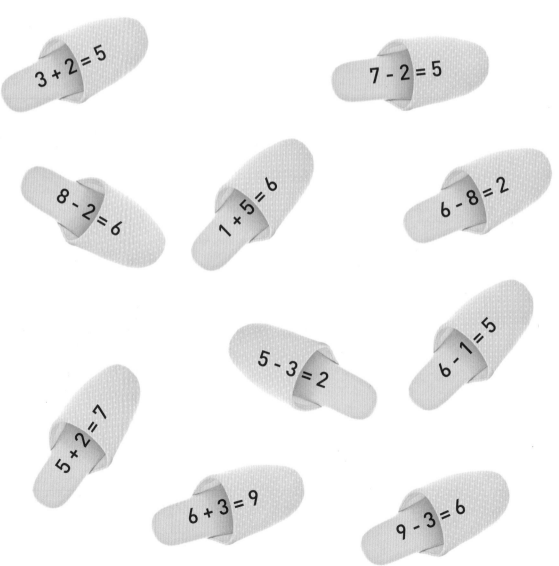

3 + 2 = 5

7 - 2 = 5

8 - 2 = 6

1 + 5 = 6

6 - 8 = 2

5 - 3 = 2

6 - 1 = 5

5 + 2 = 7

6 + 3 = 9

9 - 3 = 6

08 화장실 청소를 하다 지쳤으니 잠시 쉬었다 갈까요? 엄마와 함께 주사위와 말을 가지고 다음
말판놀이를 해 봅시다.

* 준비물 : 주사위, 말

말판놀이 방법

1. 가위바위보를 통해 순서를 정한다.

2. 주사위를 굴려 나온 수만큼 말을 이동시킨다.

3. 맞추면 그 자리에 멈추고 틀리면 원래 자리로 돌아갑니다.

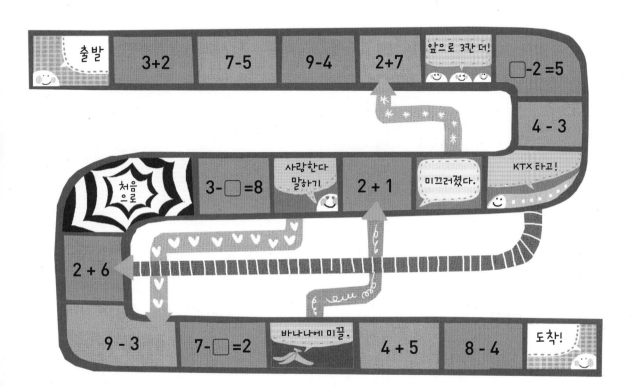

09 화장실에 세탁한 수건과 세탁하지 않은 수건이 뒤섞여 있었어요. 수건에 적힌 □의 값을
구하여 1, 2, 3, 4가 나오면 세탁한 수건, 5, 6, 7, 8, 9가 나오면 세탁하지 않은 수건이에요.
세탁하지 않은 수건에 ○표 하세요.

10 샛별이네 화장실에 예쁘게 색을 입혀 줍시다. 다음 규칙에 따라 화장실에 색을 칠해 주세요.

규 칙

3 = 노란색

4 = 빨간색

5 = 연두색

6 = 파란색

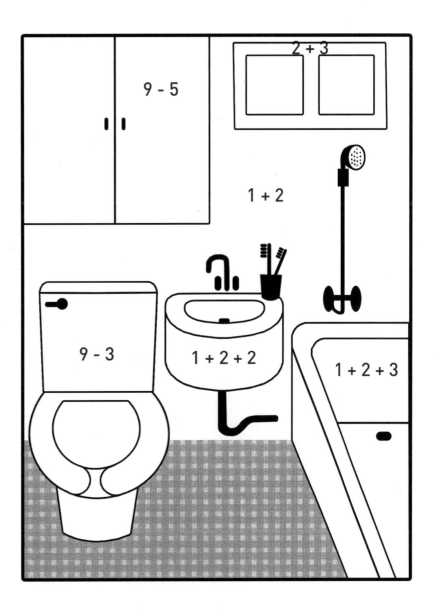

STEaM
스팀 체험 문제

01 다음은 네덜란드 화가인 고흐의 '별이 빛나는 밤에'라는 작품의 밑그림입니다. 아름다운 별이 반짝이는 밤하늘을 나타내는 그림이지요. 규칙에 따라 고흐의 작품을 직접 색칠하여 완성해 봅시다.

규 칙

$3 + 4$ = 검정색

$9 - 3$ = 노란색

$2 + 3$ = 파란색

$7 - 3$ = 하늘색

★★★
02 다음은 세 박자의 왈츠 리듬 규칙입니다. 왈츠란 '4분의 3박자'의 경쾌한 분위기의
춤곡입니다. 왈츠 박자를 완성하고 박자치기를 해 봅시다.

규 칙

① 2 + 1　　　② 7 - 3　　　③ 9 - 6　　　④ 8 - 3

손뼉 3
발구름 4

⑤ 6 - 3　　　⑥ 5 + 1　　　⑦　　　⑧

손뼉 3
발구름 4

(1) 계산 결과에 맞게 왈츠 리듬을 그려 넣고 리듬치기를 해 보세요. 선 아래는 발구르기,
　　선 위는 손뼉치기로 리듬치기를 해 봅시다.

(2) 나머지 ⑦, ⑧ 두 마디는 자유롭게 리듬을 그려 넣고 리듬치기를 해 봅시다.

4 측정

비교하기

1 2 3 4 5 6 7 8 9 10 11 12 13 14 15
16 17 18 19 20 21 22 23 24 25 26 27 28 29 30
31 32 33 34 35 36

1학년 **1**학기 **4**단원 비교하기
1학년 **2**학기 **4**단원 시계 보기

서로 다른 물건들, 어떤 점이 다른가요?

비교하는 말을 쓰면 물건의 다른 점을 말할 수 있어요.

길이가 다를 때는 '길다, 짧다'

개수가 다를 때는 '많다, 적다'

무게가 다를 때는 '무겁다, 가볍다'

넓이가 다를 때는 '넓다, 좁다'

주변의 다양한 물건들을 비교하는 말로 표현해 보세요.

01 빨간색 크레파스보다 길이가 짧은 크레파스를 골라 ◯표 하세요.

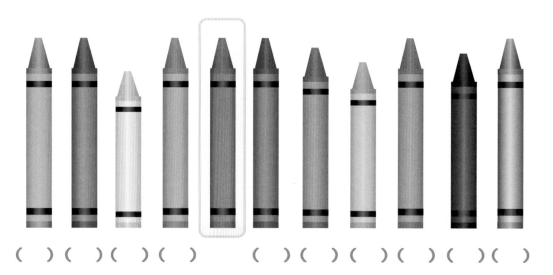

(   ) (   ) (   ) (   )   (   ) (   ) (   ) (   ) (   ) (   )

02 줄넘기의 길이가 가장 긴 것에 ◯표 하세요.

(   )

(   )

(   )

(   )

★
03 건물의 높이가 가장 높은 것에 ◯표 하고, 가장 높이가 낮은 것에 ☐표 하세요.

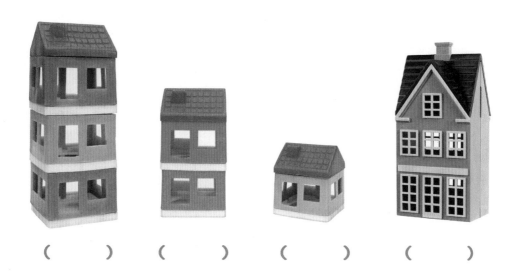

(   )   (   )   (   )   (   )

★
04 그림을 보고 알맞은 말에 ◯표 하세요.

[1] (우산꽂이, 교실 문, 의자, 책상)은(는) 높이가 가장 높습니다.

[2] (우산꽂이, 교실 문, 의자, 책상)은(는) 높이가 가장 낮습니다.

[3] 교실 문보다 높이가 낮고 의자보다 높이가 높은 것은 (우산꽂이, 책상)입니다.

05 채현이의 일기를 읽고 질문에 대답하세요.

제목 : 가방 들어 주기　　　　　20☆☆년 ☆년 ☆일 ☆요일 날씨: 햇님이 방긋
오늘은 학교가 끝나고 현서, 예인이와 함께 집에 갔다.
셋이 함께 집에 가다가 예인이가 가위바위보를 하자고 했다.
진 사람이 가방 세 개를 모두 들자고 했다.
가위! 바위! 보! 내가 졌다. 내 가방은 예인이의 가방보다 가벼웠다.
예인이의 가방은 현서의 가방보다 가벼웠다. 아, 어깨야. 팔이야.
아직도 아프다. 하지만 친구들이 나를 도와 함께 들어 주었다.
역시 내 친구들.

● 채현이의 일기를 보고 알 수 있는 것은 무엇일까요?

(채현, 현서, 예인) (이)의 가방이 가장 무겁고,

(채현, 현서, 예인) (이)의 가방이 가장 가볍습니다.

★
06 다음의 시소놀이 장면을 보고 가벼운 동물을 순서대로 적어 보세요.

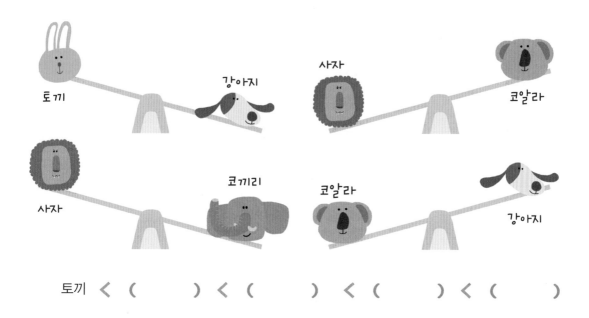

토끼 < (   ) < (   ) < (   ) < (   )

★
07 색종이의 넓이가 가장 넓은 것에 ◯표 하세요.

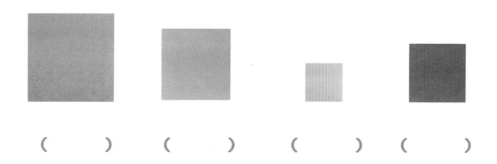

(   )   (   )   (   )   (   )

★
08 다음 그림에서 1번 그림보다 넓고, 2번 그림보다 좁은 ☐모양을 그려 보세요.

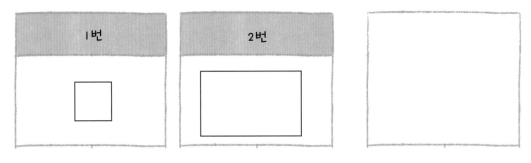

1번	2번	

★
09 두 컵에 담을 수 있는 물의 양을 비교해 보세요.

(   )   (   )   (   )

(1) 가장 많은 양의 물을 담을 수 있는 컵에는 ◯표 하세요.

(2) 가장 적은 양의 물을 담을 수 있는 컵에는 △표 하세요.

★
10 크기가 다른 세 그릇이 있습니다. 세 그릇에 담을 수 있는 물의 양을 비교하려면 어떻게
하면 되는지 쓰세요.

_____

_____

_____

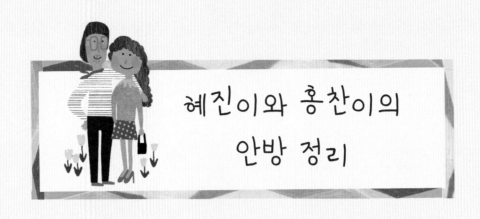

혜진이와 홍찬이의 안방 정리

엄마 아빠가 외출하신 일요일이에요. 홍찬이와 누나 혜진이는 그 사이 부모님을 위해 안방을 정리하기로 했어요. 요즘 엄마 아빠가 모두 바쁘셔서 집 안 정리하기가 힘드실 것 같았거든요.

"누나, 우리 아빠 옷장부터 정리하자. 어떤 순서로 옷을 걸어야 할까……."

막상 정리를 하려고 하자 무엇부터 해야 할지 망설여졌답니다. 홍찬이가 옷장을 열고 고민할 때였어요. 갑자기 옷장에서 부스럭 소리가 나더니 생쥐 두 마리가 떨어져 내렸어요.

우당탕!

"악! 생쥐다! 잡아야 해!"

홍찬이가 버럭 고함을 지르자 누나 혜진이도 놀라서 뛰어 들어왔어요. 그런데 생쥐들은 도망가지 않고 부어오른 엉덩이만 문지르고 있었어요.

"투투, 그러니까 창문으로 들어오자고 했잖아."

보보가 핀잔을 주었어요.

홍찬이와 혜진이는 생쥐가 말을 하자 깜짝 놀랐어요.

"너희들은 누구야? 혹시 우리가 꿈을 꾸는 건가?"

그 말을 들은 보보와 투투가 웃으며 차례로 말했어요.

"우리들은 단지 생쥐들이야. 사람 말을 할 수 있는게 특별하지만."

"그래, 우리는 친구들을 만나기 위해 여기저기 모험을 다니고 있지. 도움이 필요한 친구들도 도와 주고."

"난 홍찬이고, 우리 누나 혜진이야. 우린 옷장을 정리하던 중이었어."

홍찬이가 말하자 보보가 말했어요.

"반가워. 우린 보보와 투투야. 쥐구멍으로 사람들이 옷장 정리를 어떻게 하는지 많이 봐서 잘 알고 있지."

홍찬이는 보보와 투투에게 방 정리하는 것을 함께 도와달라고 했어요.

"옷은 넓이 순으로 걸면 깔끔해."

보보가 자신 있게 말했어요. 생쥐들이 지켜보는 가운데 홍찬이가 아빠의 윗옷을 정리하기 시작했어요. 양복 중 가장 넓이가 넓은 것부터 차례로 걸었어요. 보보와 투투는 박수를 쳐 주었어요.

"와, 능숙한걸."

"넥타이는 다 비슷비슷한걸."

혜진이가 넥타이를 들고 망설였어요.

이번에는 투투가 거들먹거리며 말했어요.

"그럴 때는 길이가 긴 순서대로 정리하면 되지. 내가 딱 보니 빨간 넥타이가 물방울 무늬 넥타이보다 짧구나."

"고마워. 넌 눈이 무척 좋구나?"

"얜 먹는 것을 너무 좋아하다 못해 멀리 있는 것을 찾아내기 위해 눈이 좋아졌다는 전설이 있어."

보보가 투투의 엉덩이를 툭 치며 말하자 홍찬이와 누나가 깔깔거리며 웃었어요. 홍찬이와 혜진이는 같은 방법으로 엄마 옷장도 정리하기 시작했어요.

"와, 홍찬이는 정말 빠르네?"

보보와 투투는 감탄했다는 듯이 말했어요. 홍찬이는 더 신이 나서 엄마의 가방을 장롱 높은 곳에 올려놓으려 했어요. 하지만 키가 닿질 않았어요. 누나 혜진이가 대신 가방을 올려두었지요.

"그래도 넌 내 키 따라오려면 아직 멀었어. 난 밖에 나가면 사람들이 어른인 줄 안다고."

혜진이가 으스대며 말했어요. 홍찬이가 혜진이를 향해 혀를 쭉 내밀고 있는 것은 보지 못했어요.

"엄마 화장품을 바르면 정말 어른처럼 보이지 않을까?"

옷장 정리가 끝나자 혜진이 누나는 엄마의 화장대로 가서 이것저것 꺼내서 얼굴에 발랐어요. 그리고 보보와 투투, 홍찬이 쪽으로 얼굴을 돌렸어요.

"우헤헤."

보보와 투투가 웃고 말았어요. 이어서 홍찬이도 큰소리를 쳤지요.

"누나, 마치 킹콩 같아!"

"뭐라고!"

혜진이는 얼른 다시 거울을 봤어요. 화장이 서툴러 너무 우스꽝스럽게 되었네요. 화장대 위에는 화장품이 제멋대로 놓여 있어요. 홍찬이는 누나 대신 화장품을 순서대로 정리했어요. 침대 위도 정리해야 해요. 생쥐들과 힘을 합쳐 가장 가벼운 여름 이불을 가져오고 나니 방 정리도 거의 끝난 것 같네요.

"정리는 되었지만, 어딘가 좀 심심해 보이지 않아?"

보보가 안방을 둘러보며 말하자 혜진이가 꽃병에 물을 담아 꽃을 꽂아 두었어요.

"어? 이게 뭐지?"

"엄마 아빠의 젊었을 때 사진인가 보다. 히히."

홍찬이와 혜진이, 보보와 투투는 사진을 돌려보며 이야기했어요.

"엄마가 굉장히 멋쟁이시구나."

"아빠 머리가 너무 길어."

그때 홍찬이는 좋은 생각이 떠올랐는지 손가락을 튕기며 말했어요.

"이 사진으로 벽을 멋지게 장식하면 어떨까?"

이번에는 보보와 투투가 돕기로 했어요. 서로 다른 크기의 사진을 이리저리 맞추다 보니 빈틈없이 벽을 꾸밀 수 있었지요.

모두들 기분 좋게 방을 둘러보았어요. 옷장이 정리되고 베개와 이불이 바뀌었지요. 벽은 사진으로 장식되고 꽃병엔 꽃이 꽂혔답니다.

"정리된 방을 보니 정말 좋다. 우리들도 돌아가서 쥐구멍을 정리해야겠어."

"쥐구멍에도 볕 들 날 있으니까?"

홍찬이의 말에 보보와 투투는 깔깔 웃으며 쥐구멍으로 돌아갔답니다.

★★
01 이야기를 읽고 그림 밑에 정리 순서를 숫자로 적으세요.

아빠의 옷장을 정리하려고 합니다. 홍찬이는 평소에 엄마가 정리하던 방법을 떠올렸습니다. 홍찬이는 누나인 혜진이에게 정리 방법을 설명했습니다.

아빠의 윗옷은 넓이가 넓은 것부터 순서대로 정리해 봐.
아래옷은 길이가 긴 것부터 순서대로 걸면 돼.

홍찬아, 아빠의 넥타이와 모자는 어떻게 정리해?

넥타이는 길이가 긴 것부터 순서대로 걸어 두면 되지.
모자는 아빠 옷장의 가장 높은 곳에 크기가 큰 것부터 넣어 봐.

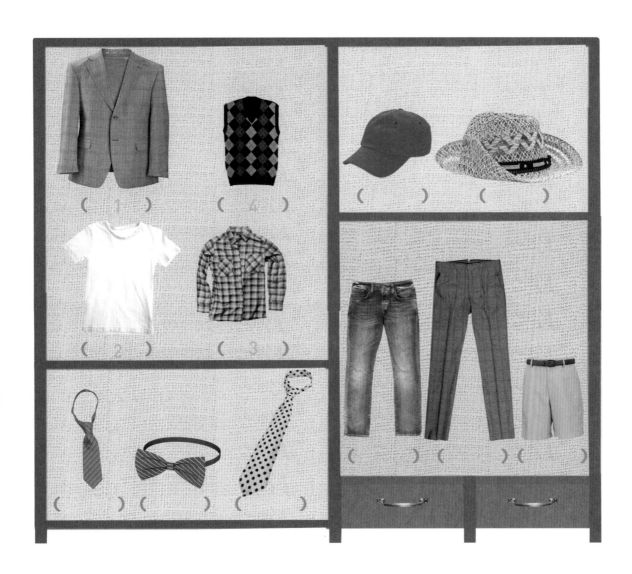

(1) (4)

( ) ( )

(2) (3)

( ) ( ) ( )

( ) ( ) ( ) ( ) ( )

02 이야기를 읽고 엄마의 옷장을 차례차례 정리해 보세요.

엄마의 옷장을 정리하려고 합니다. 이번에도 홍찬이는 누나인 혜진이에게
정리 방법을 이야기합니다.

누나, 엄마의 윗옷도 넓이가 넓은 것부터 정리하면 돼. 그리고 아래옷
은 길이가 긴 것부터 정리해 보자.

좋아.

엄마의 가방은 장롱의 가장 높은 곳에 넣어 두자. 넓이가 넓은 것부터.
엄마의 양말은 가장 낮은 곳에 넣으면 좋겠지?

양말은 긴 것부터 정리해야지.

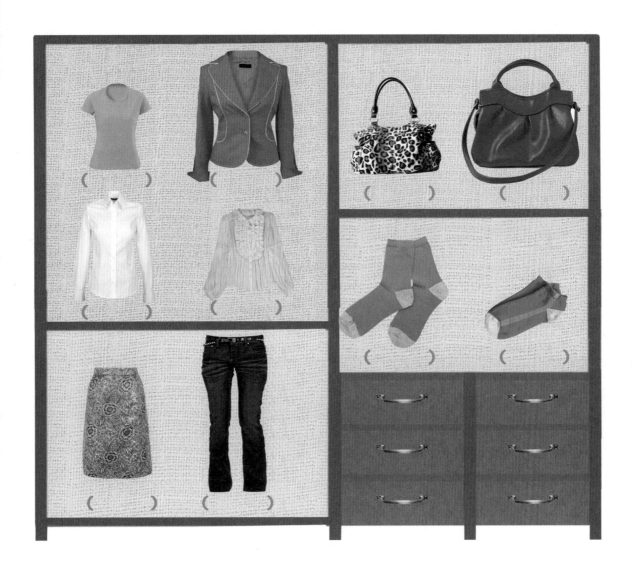

03 아래의 글을 읽고, 화장품을 정리하는 올바른 순서대로 선을 이어 보세요.

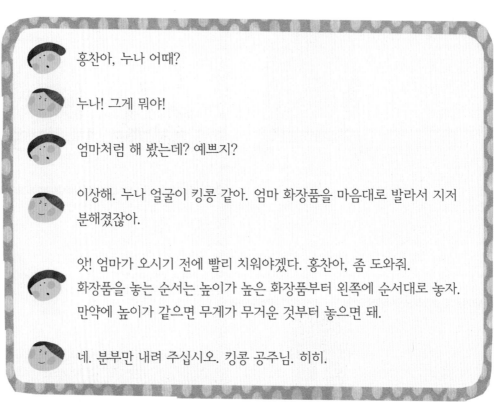

홍찬아, 누나 어때?

누나! 그게 뭐야!

엄마처럼 해 봤는데? 예쁘지?

이상해. 누나 얼굴이 킹콩 같아. 엄마 화장품을 마음대로 발라서 지저분해졌잖아.

앗! 엄마가 오시기 전에 빨리 치워야겠다. 홍찬아, 좀 도와줘. 화장품을 놓는 순서는 높이가 높은 화장품부터 왼쪽에 순서대로 놓자. 만약에 높이가 같으면 무게가 무거운 것부터 놓으면 돼.

네. 분부만 내려 주십시오. 킹콩 공주님. 히히.

04 아래의 이야기를 읽고, 빨랫줄에서 침대에 놓을 이불과 베개를 골라 ○ 해 주세요.

> 누나! 침대에서 뛰어 놀면 어떡해! 콜록콜록! 이불을 널어 놓아야겠다.
>
> 아참! 엄마가 이제 더워졌다고 가벼운 이불이 좋다고 하셨어. 빨랫줄에 널린 이불 중에 가장 가벼운 이불을 꺼내고, 베개도 가장 가벼운 걸 줘.
>
> 누나, 같이 해. 어떤 게 더 무거운 거지?
>
> 빨랫줄이 축 처진 것이 더 무거운 거야.

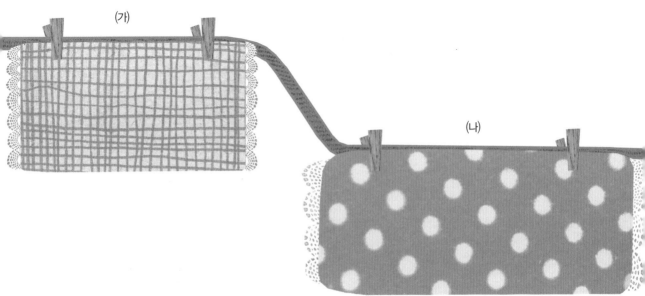

(가)

(나)

(1) 침대에 놓을 베개는 ((가) , (나)) 입니다.

(2) 침대에 놓을 이불은 (① , ②) 입니다.

113

이야기로 푸는 창의 문제

05 아래의 이야기를 읽고, 문제를 해결해 보세요.

> 안방에 있는 꽃병에 물을 담으려고 합니다. 병은 총 3개가 있습니다.
> 혜진이는 모양이 각각 다른 꽃병에 물을 담고 있습니다.
>
> 누나, 어떤 병이 가장 큰 병일까?
>
> 높이가 가장 높은 것? 위에서 본 넓이가 가장 넓은 것? 무게가 가장 무거운 것?
>
> 나는 아는데!

● 크기가 다른 3개의 꽃병의 크기를 비교하는 방법을 써 보세요.

06 아래 이야기에 맞는 상자를 골라 ◯표 하세요.

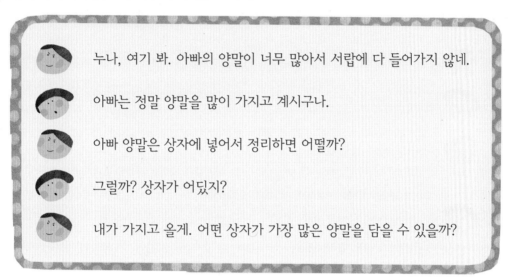

누나, 여기 봐. 아빠의 양말이 너무 많아서 서랍에 다 들어가지 않네.

아빠는 정말 양말을 많이 가지고 계시구나.

아빠 양말은 상자에 넣어서 정리하면 어떨까?

그럴까? 상자가 어딨지?

내가 가지고 올게. 어떤 상자가 가장 많은 양말을 담을 수 있을까?

(   )   (   )   (   )

07 아래 대화를 보고 부모님의 사진으로 벽을 꾸며 보세요.

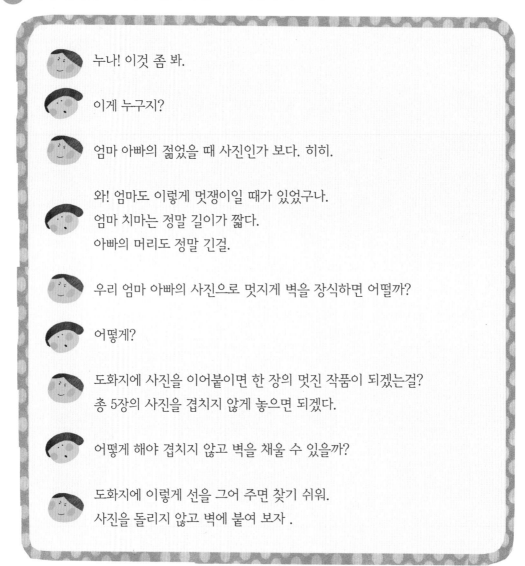

누나! 이것 좀 봐.

이게 누구지?

엄마 아빠의 젊었을 때 사진인가 보다. 히히.

와! 엄마도 이렇게 멋쟁이일 때가 있었구나.
엄마 치마는 정말 길이가 짧다.
아빠의 머리도 정말 긴걸.

우리 엄마 아빠의 사진으로 멋지게 벽을 장식하면 어떨까?

어떻게?

도화지에 사진을 이어붙이면 한 장의 멋진 작품이 되겠는걸?
총 5장의 사진을 겹치지 않게 놓으면 되겠다.

어떻게 해야 겹치지 않고 벽을 채울 수 있을까?

도화지에 이렇게 선을 그어 주면 찾기 쉬워.
사진을 돌리지 않고 벽에 붙여 보자.

08 방을 치우기 전후의 그림이에요. 달라진 점을 찾아 아래 그림에 ◯표 하고 달라진 점을 써 보세요.

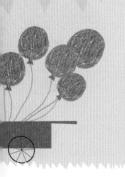

● 방을 치우기 전과 치운 뒤 어떤 점이 달라졌나요?

① 바닥에 떨어져 있던 이불이 정리되었어요.

②

③

④

⑤

⑥

★★
09 아래 빈칸에 누구의 것인지 적고 티셔츠에 자유롭게 문양을 넣어 완성해 보세요.

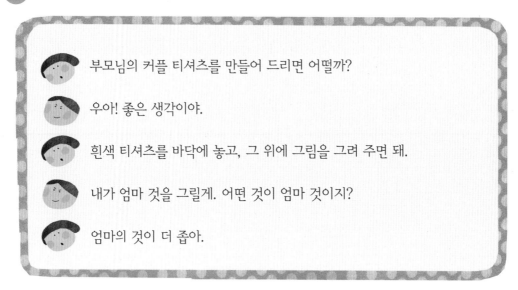

부모님의 커플 티셔츠를 만들어 드리면 어떨까?

우아! 좋은 생각이야.

흰색 티셔츠를 바닥에 놓고, 그 위에 그림을 그려 주면 돼.

내가 엄마 것을 그릴게. 어떤 것이 엄마 것이지?

엄마의 것이 더 좁아.

(   )   (   )

10 부모님께 드리는 카드를 완성해 보세요.

사랑하는 부모님께

오늘은 부모님의 사랑만큼 참 따뜻한 날이에요.

저 혜진이와 홍찬이는 어버이날을 맞아 부모님을 위해 안방을 정리했습니다.

장롱에 있는 아빠, 엄마의 옷은 윗옷은 넓이가 (넓은 것, 좁은 것)부터

왼쪽에 두었고, 아래옷은 길이가 (긴 것, 짧은 것)부터 왼쪽에 두었어요.

그리고 아빠의 모자와 엄마의 가방은

장롱의 가장 (낮은 곳, 높은 곳)에 두었어요. 잊지 마세요.

이불은 무게가 (무거운 것, 가벼운 것)으로 바꾸었고,

베개도 (무거운 것, 가벼운 것)으로 놓았어요.

아빠 양말도 담을 수 있는 양이 가장 (많은, 적은) 상자에 넣어 두었어요.

아빠, 엄마, 저희를 돌보시느라 젊었을 때 모습이 많이 바뀌셨지만,

저희는 이 모습 그대로 부모님을 사랑해요.

부모님을 존경하는 김 남매 올림

01 영국 국회의사당의 동쪽 끝에 있는 빅벤은 세계에서 가장 유명한 시계탑입니다.
빅벤의 시각을 읽고 몇 시 몇 분인지 써 보세요.

● (   )시 (   )분

02 다음은 살바도르 달리의 <기억의 지속>이라는 작품의 밑그림입니다. 흘러내리는 시계가 인상적인 작품이지요. 아래의 시각을 빈 시계에 적어 보고 그림을 색칠해 완성하세요.

● 8시 15분을 그려 보세요.

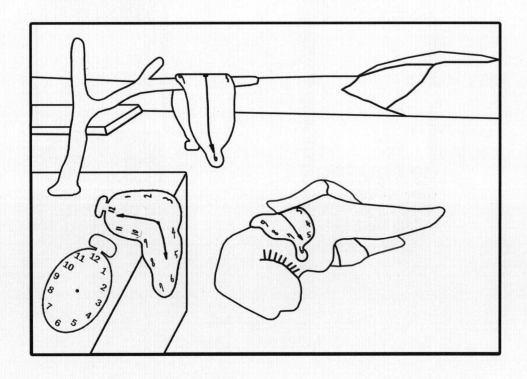

★★★
03 다음 중 마음에 드는 휴대 전화기를 고르고, 그 이유도 함께 말해 보세요.

멋쟁이		빠름
	화면 넓이와 길이	
10시간	통화길이	11시간
5	무게	3
100개	정보를 담는 양	95개

나는 (   ) 휴대 전화기가 더 마음에 듭니다.

그 이유는 (

)

5수

50까지의 수

1 2 3 4 5 6 7 8 9 10 11 12 13 14 15
16 17 18 19 20 21 22 23 24 25 26 27 28 29 30
31 32 33 34 35 36

1학년 **1**학기 **5**단원 50까지의 수

9 다음에는 어떤 숫자가 올까요?

십 또는 열이라고 읽는 숫자 '10'을 쓰지요.

10은 1과 0으로 이루어져 있어요.

'없다'는 뜻의 숫자 0은 가장 위대한 발명이라고 불릴 정도로 의미가 깊어요.

0이 없을 때는 열을 의미하는 숫자, 백을 의미하는 숫자를

계속 만들어 내야 했어요.

0이 생긴 이후로 10, 100을 편리하게 쓸 수 있게 되었지요.

두 자리의 숫자 중 어떤 것이 더 클까요?

앞자리를 먼저 비교하고 그 다음에 뒷자리를 비교하지요.

실력 쑥쑥, 기본 문제

★
01 10이 되도록 별을 더 그려 보세요.

★
02 나는 어떤 수입니까? 숫자로 쓰고 읽어 보세요.

나는 그림으로 나타내면 □□□□□□□□□□ □□□ 입니다.
나는 10개씩 1묶음과 낱개 3개입니다.

숫자 (   )   읽기 (   )

★
03 다음을 10개씩 묶어서 세어 보고 바르게 읽은 것끼리 연결하세요.

(1)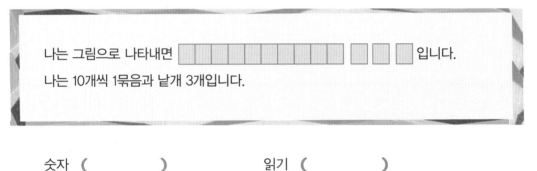

● 　　　● 사십 ●　　　● 마흔

(2)

● 　　　● 삼십 ●　　　● 서른

★
04 다음을 숫자로 나타내 보세요.

(1) 서른일곱 ➡ [　　　]　　　　(2) 마흔셋 ➡ [　　　]

★
05 수 배열표의 빈칸에 알맞은 수를 써 넣으세요.

1	2	3	4		6		8	9	
11		13		15	16	17	18		20
	22	23	24			27	28	29	30
31	32		34	35	36			39	40
41		43		45	46	47	48	49	

★
06 다음의 순서에 알맞은 수를 써넣으세요.

37　　　　　　　39

129

07 동화책을 번호 순서대로 정리하려고 합니다. 다음 물음에 답하세요.

(1) 40번 책은 (   )번과 (   )번 사이에 꽂아야 합니다.

(2) 45번 책 다음에는 (   )번 책을 꽂아야 합니다.

08 다음 두 그림을 비교해 보고 수가 많은 물건에 ◯표 하세요.

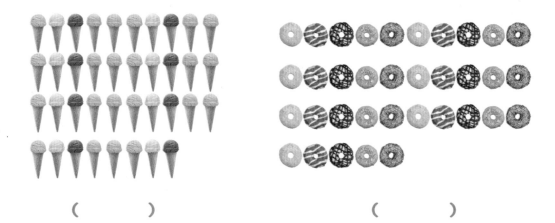

(   )   (   )

★
09 두 수의 크기를 비교해 보세요.

(1) 18은 33보다 **(** 큽니다 , 작습니다 **)**.

(2) 43은 29보다 **(** 큽니다 , 작습니다 **)**.

★
10 10보다 크고 30보다 작은 짝수와 홀수를 모두 써 보세요.

(1) 짝수

12, _____

_____

(2) 홀수

_____

_____

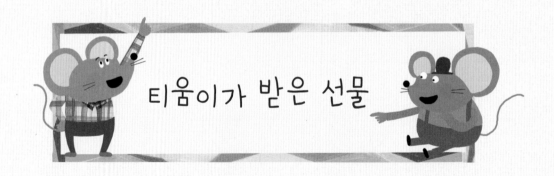

티움이가 받은 선물

티움이는 학교 수업을 마치고 숨을 헉헉거리며 집에 왔어요. 할아
버지가 티움이에게 생일 선물을 보내셨거든요. 집에 오자마자
선물 상자를 찾으려고 주변을 둘러보았어요. 선물 상자는 보이지 않고
대신에 못 보던 생쥐 인형을 발견했지요. 티움이가 손을 뻗어 인형을 만
지려고 하자 갑자기 생쥐 인형이 재채기를 했어요.

"에취!"

"뭐야, 너 투투였구나!"

티움이가 반가워 외쳤어요.

"아이고, 인형인 척하려 했는데 탄로나 버렸네?"

"네 연기 실력으로는 힘들겠어."

보보가 굳은 몸을 풀며 투투에게 핀잔을 주었지요.

"그런데 너희들 혹시 선물 상자 못 봤니?"

투투는 얼른 달려가서 택배 상자를 가리켰어요.

"와, 할아버지가 블록 선물을 보내 주셨어!"

티움이가 상자를 열어 보니 각양각색의 블록들이 들어 있었어요. 티움이는 블록들을 색깔별로 모아서 정리했지요.

"형아, 선물이야?"

티움이 동생 철민이가 선물을 보고 뛰어나오다 그만 선물 상자 위로 넘어졌어요. 선물 상자가 엎어져 블록들이 섞이고 말았어요.

"블록이 섞여 버렸잖아. 다시 정리해야겠다."

"으앙!"

동생이 울음을 터뜨렸어요.

"괜찮아, 철민아. 어차피 흩어서 장난감을 만들 거니까."

보보가 철민이를 달랬어요. 투투도 블록 정리를 도와주겠다고 했지요. 색깔별로 블록을 한데 모았어요. 티움이는 블록들을 높이 쌓았어요.

"빨간색 블록과 파란색 블록 중 어떤 게 더 많을까?"

철민이는 곰곰이 생각했지만 답을 알 수가 없었어요. 보보가 속삭이듯이 철민이의 귀에 답을 말해 줬어요.

"당연히 빨간색!"

철민이가 당당하게 말했어요.

"그럼 노란색 세모 블록과 파란색 동그라미 블록 중에서는?"

이번에는 투투가 큰소리로 말했어요.

"파란색 동그라미 블록!"

티움이는 보보를 쳐다보며 몰래 알려준 걸 다 눈치챘다는 듯이 웃었어요.

"너희들 보보 덕분에 맞췄지?"

모두들 깔깔 웃었어요. 한참 놀다 보니 어느새 철민이는 옆에서 잠이 들었어요. 잠든 철민이를 보고 보보와 투투도 너무 늦기 전에 돌아가야 겠다고 했어요.

놀고 난 블록을 정리하던 티움이는 블록들 몇 개가 사라졌다는 것을 알았어요. 아무리 찾아봐도 어디로 갔는지 보이지 않았지요.

'혹시 생쥐들이?'

보보와 투투가 블록 한두 개를 가져간 것은 아닐까 생각했지만 함부로 의심하면 안 된다고 생각했어요.

"아빠! 혹시 제 블록 보셨어요?"

티움이는 퇴근하고 돌아오신 아빠에게 달려가 여쭈었지요.

"책장에 꽂힌 책 중 몇 권이 빠져 있는 걸 보니 그 뒤로 떨어졌을지 모르겠구나."

아빠와 함께 책장 뒤에 책과 함께 블록이 떨어졌나 살펴보았지요. 아빠의 생각대로 책들이 떨어져 있는 곳에는 블록들도 있었답니다. 티움이는 잠시 동안 생쥐들을 의심했던 것을 뉘우쳤어요.

이제는 모든 블록이 다 제자리에 있어요. 멋진 장난감을 많이 만들 수 있지요.

"무얼 만들까?"

아빠는 상자에서 설명서를 꺼냈어요.

"설명서도 있는 줄은 몰랐어요."

티움이는 아빠와 함께 설명서를 보며 장난감을 만들었답니다. 기차도 만들고 멋진 성도 쌓았어요. 잠든 철민이의 숨소리가 색색 들려요. 티움이는 생쥐들도 끝까지 같이 있었으면 더욱 좋았을 것이라고 아쉬워했답니다.

01 티움이는 수업이 끝나자마자 집으로 달려왔어요. 할아버지께서 생일 선물로 보내 주신 블록 장난감이 도착했는지 궁금했거든요. 티움이는 집에 들어가자마자 사방을 두리번거렸어요. 티움이네 거실을 한번 둘러볼까요? 거실에 있는 물건들의 개수를 세어 보세요.

[1] 액자는 모두 몇 개입니까?　　　　　　　　　　　　　（　　　　　）개

[2] 꽃병에 꽂혀 있는 꽃은 모두 몇 송이입니까?　　　　　（　　　　　）송이

02 티움이가 기다리던 선물 상자가 저기 있어요. 티움이와 함께 할아버지의 장난감 선물이 들어 있는 택배 상자를 관찰해 볼까요? 장난감 택배 상자에 있는 티움이네 집 주소에 나와 있는 숫자를 찾아 써 보고 읽어 보세요.

서울 난닝구 딩동 거꾸로
꽃길 50-35

숫자 (50   )   읽기 (   )

숫자 (   )   읽기 (   )

137

이야기로 푸는 창의 문제

03 선물 상자를 열었더니 여러 가지 모양과 색깔의 장난감 블록들이 가득 들어 있어요. 각각의 장난감 블록들이 몇 개씩 들어 있을까요? 티움이와 함께 장난감 블록들을 10개씩 묶어서 세어 보고 바르게 연결해 보세요.

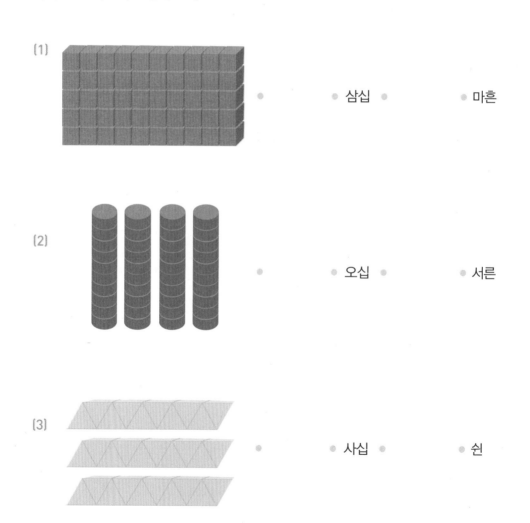

(1)   • 삼십   • 마흔

(2)   • 오십   • 서른

(3)   • 사십   • 쉰

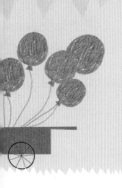

04 동생이 그만 장난감 블록들을 모두 헝클어뜨리고 말았어요. 티움이는 블록들을 다시 세어 정리하기로 했어요. 각각의 장난감 블록들이 몇 개씩 있는지 세어 보세요.

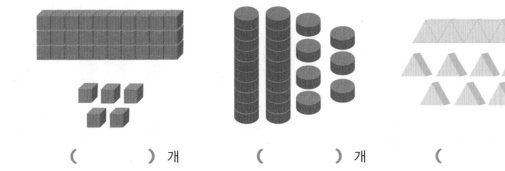

(   ) 개   (   ) 개   (   ) 개

05 장난감 블록들의 개수가 서로 다르네요. 어느 장난감 블록의 개수가 가장 많은지 궁금해요. 어느 블록이 가장 많을까요? 장난감 블록의 수의 크기를 서로 비교해 보세요.

(1)    35는 27보다 (큽니다 , 작습니다).

(2)    35은 19보다 (큽니다 , 작습니다).   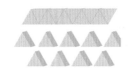

(3)   19은 27보다 (큽니다 , 작습니다).

06 장난감 블록 중에는 사람 모양의 인형들도 있어요. 사람 모양의 인형들을 서로 짝지어 볼까요? 둘씩 짝을 짓고 홀수인지 짝수인지 적어 보세요.

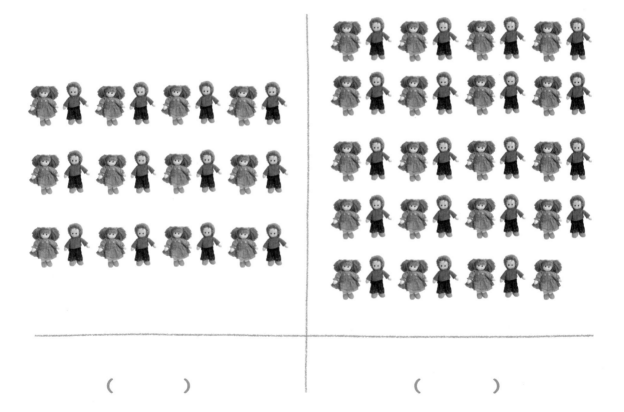

(   )   (   )

07 블록 몇 개가 책장 뒤로 떨어졌어요. 티움이는 책장을 자세히 살펴보았어요. 책장에 꽂혀 있는 책들의 번호를 보고 빠진 책을 순서대로 적어 보세요.

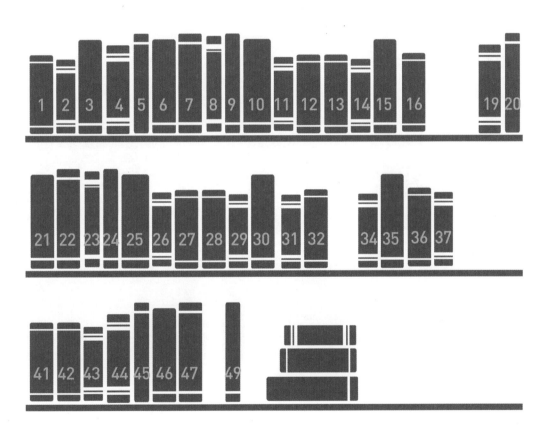

17 , _____ 50

★★

08 티움이는 블록을 쌓아 보기로 했어요. 블록에 들어 있는 설명서에는 블록을 가지고 만들 수 있는 다양한 모양들이 담겨 있어요. 1부터 차례로 숫자를 연결해 봅시다.

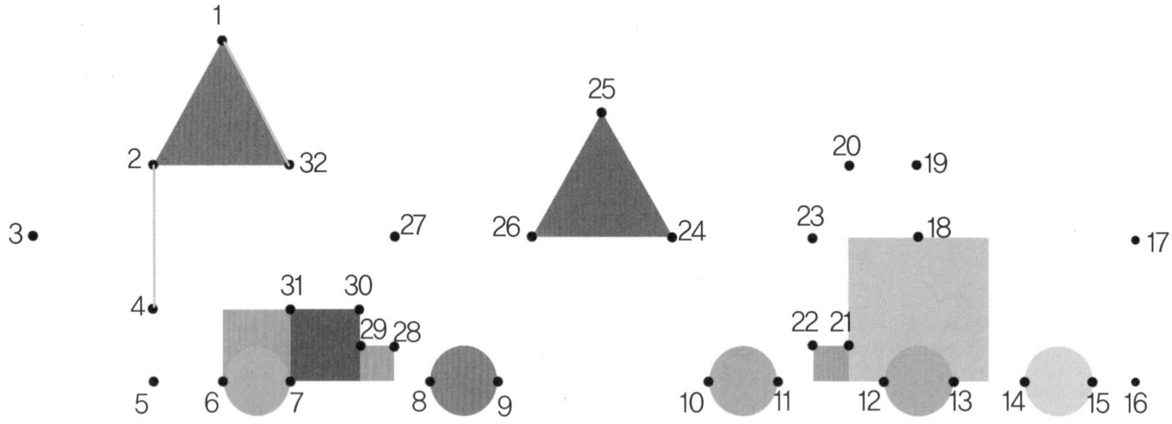

09 장난감 블록 설명서가 순서대로 되어 있지 않네요. 아래 설명을 읽고,
설명서를 번호 순서대로 다시 정리해서 놓아 보세요.

[1] 16번 설명서는 몇 번과 몇 번 사이에 넣어야 합니까? **(　　　번과　　　번 사이)**

[2] 21번과 23번 설명서 사이에는 몇 번 설명서를 넣어야 합니까? **(　　　번)**

10 드디어 티움이의 멋진 작품이 완성되었어요 네모 블록의 개수가 짝수인 층은 파란색으로,
홀수인 층은 분홍색으로 색칠하세요.

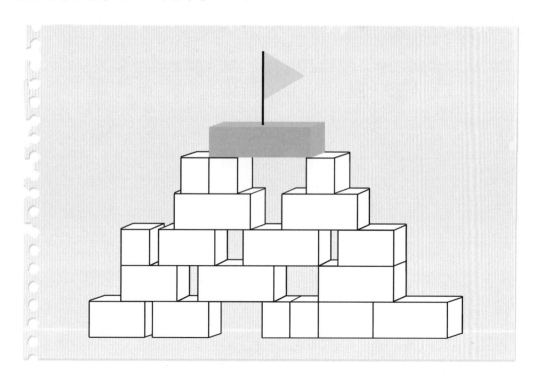

STEaM 스팀 체험 문제

01 티움이는 장난감을 선물해 주신 할아버지께 감사하는 마음을 담아서 편지를 쓰려고 해요. 장난감 블록을 쌓았던 것을 기억하면서 할아버지께 감사 편지를 써 보세요.

사랑하는 할아버지께

할아버지 잘 지내시죠? 오늘 할아버지께서 보내 주신 장난감 블록 잘 받았어요.

상자를 열었더니 장난감 블록들이 가득 들어 있었어요.

빨간색 네모 블록이 10개씩 5묶음으로 (   )개,

파란색 동그라미 블록이 10개씩 4묶음으로 (   )개,

노란색 세모 블록이 10개씩 3묶음으로 (   )개 들어 있었어요.

빨간색 블록의 수가 가장 크니까 가장 많이 들어 있다는 것도 알 수 있었어요.

귀엽게 생긴 사람 모양의 블록도 들어 있었어요.

사람 모양의 블록은 10개씩 3묶음과 낱개로 9개가 더 있어서 모두 (   )개가 들

어 있었어요.

144

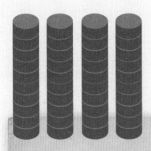

둘씩 짝을 지어 보았더니 1개가 남아서 (   )만큼 들어 있다는 것도 알았어요.

블록들의 개수에 따라 색깔을 번갈아 가면서 쌓았는데

1층은 블록의 개수가 6개로 (   )니까 파란색으로,

2층은 블록의 개수가 3개로 (   )니까 분홍색으로 쌓아 보았어요.

제 작품 정말 멋지죠?

다음에 더 만들어서 보여 드릴게요.

할아버지 생일 선물 정말 감사해요. 사랑해요.

2016년 7월 12일 티움 올림

★★★
02 우리 주변에는 다양한 식물들이 자라고 있답니다. 그런데 식물들의 잎과 열매를
자세히 살펴보면 잎과 열매의 개수가 짝수인 것도 있고 홀수인 것도 있답니다.
각각의 개수를 2개씩 짝지어 보고 홀수인 것에 ◯ 표 하세요.

홀수

147

1 2 3 4 5 6 7 8 9 10 11 12 13 14 15
16 17 18 19 20 21 22 23 24 25 26 27 28 29 30
31 32 33 34 35 36

정답

01 바나나의 개수를 세어 알맞은 숫자와 바르게 읽은 것을 연결하세요.

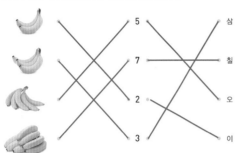

5   삼

7   칠

2   오

3   이

02 그림을 보고 알맞은 말에 ○하세요.

[1] 다람쥐는 도토리보다 (많습니다, 큽니다, 적습니다, (작습니다))

[2] 4는 8보다 (많습니다, 큽니다, (적습니다), 작습니다)

03 북희의 지갑에는 100원짜리 동전이 7개 있습니다. 북희가 가게에서 아이스크림을 사 먹고 700원을 냈습니다. 북희의 지갑에 동전이 몇 개 있는지 써 보세요.

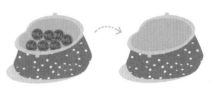

(0   ) 개

04 왼쪽에는 동물보다 하나 더 적게 ○를 그려 넣으세요. 오른쪽에는 동물보다 하나 더 많게 □를 그려 넣으세요.

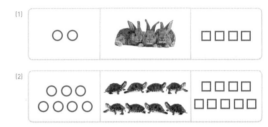

05 아래의 그림은 경연이의 책상 서랍입니다. 책상 서랍 안에 든 학용품을 보고 답하세요.

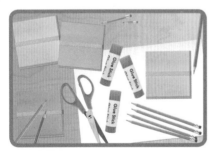

[1] 경연이의 책상 서랍 안에 있는 학용품의 개수를 세어 봅시다.

학용품	연필	색연필	색종이	가위	풀
개수	7자루	2개	4묶음	1개	3개

[2] 경연이는 연필을 한 자루 더, 가위를 한 개 더 사기로 했습니다. 그리고 풀은 동생에게 하나 주기로 했습니다. 경연이에게 남아 있는 연필과 가위, 풀의 개수만큼 색칠해 보세요.

06 다음은 미화의 일기입니다. 잘못 쓴 부분 두 군데를 찾아 ○표 하고 바르게 고쳐 쓰세요.

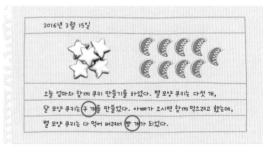

	잘못된 부분	바르게 고쳐 쓴 것
[1]	구 개	아홉 개
[2]	빵 개	영 개

07 9명의 동물들이 달리기를 하고 있어요. 다리가 긴 학 앞에는 2명이 달리고 있습니다. 목이 긴 기린의 뒤에는 3명이 달리고 있어요. 학과 기린은 몇 등 일까요?

● 학은 (3)등 이고, 기린은 (6)등 입니다.

08 빨간 모자는 엄마의 심부름으로 할머니 댁에 맛있는 음식을 전해 주러 가게 되었어요.

"빨간 모자야, 할머니 댁은 집 앞의 가로수 길을 따라 쭉 가다가 여섯 째 나무와 일곱 째 나무 사이에 있는 골목으로 들어가 둘째 집을 찾으면 된단다."

[1] 할머니 집이 어디인지 동그라미 쳐 보세요.

"그런데 그 전에 과일 가게에 들러 할머니가 좋아하시는 딸기를 사야 해. 과일 가게 는 (　　)와 (　　) 나무 사이에 있는 골목으로 들어가면 보이는 빨간 지붕 집이야."

[2] 지도에서 과일 가게의 위치를 보고 괄호 안에 들어갈 알맞은 말을 써 보세요.

● (셋째)와 (넷째)

09 다음은 친구들의 대화입니다. 둘째로 초콜릿을 많이 가지고 있는 친구가 누구인가요? 그 이유를 써 보세요.

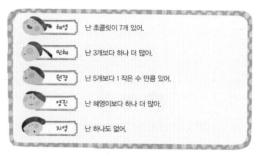

둘째로 초콜릿을 많이 가지고 있는 친구는 (혜영)입니다.

그 이유는 민혜 4개, 원경이 4개, 영진이 8개,

지영이 0개를 갖고 있기 때문입니다.

10 점심시간에 급식을 받기 위해 줄을 서 있습니다. 상윤이가 말한 것으로 볼 때, 줄을 선 사람이 모두 몇 명인지 쓰세요.

난 앞에서도 넷째이고, 뒤에서도 넷째야.

상윤

(7)명

◆ 이야기로 푸는 창의 문제 ◆

01 앞의 이야기, 재미있게 읽었나요? 오른쪽 그림을 보고 티읍이네 주방에 있는 물건의 개수를 세어 봅시다.

물건	식탁	의자	칼	도마	컵	국자	양념통	달걀
개수	1	4	4	2	3	2	6	9

02 주방에 있는 물건의 개수를 비교해 보세요. 티읍이네 주방에 있는 물건들을 보고 알맞은 문장이 되도록 ◯해 봅시다.

● 식탁은 의자보다 (많습니다, 적습니다)

● 칼은 도마보다 (많습니다, 적습니다)

● 양념통은 국자보다 (많습니다, 적습니다)

● 달걀은 컵보다 (많습니다, 적습니다)

◆ ◆ ◆ 이야기로 푸는 창의 문제 ◆ ◆ ◆

03 티움이는 자신의 생일 파티에 모두 3명의 친구를 초대했지요? 내가 생일 파티를 연다면
누구를 초대할 것인지 친구 이름을 써 보고, 모두 몇 명인지도 써 보세요.

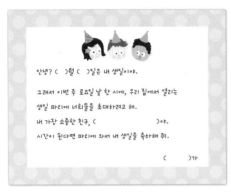

안녕? ( )월에 ( )일은 내 생일이야.

그래서 이번 주 토요일 낮 한 시에, 우리 집에서 열리는
생일 파티에 너희들을 초대하려고 해.
내 가장 소중한 친구, ( )야.
시간이 된다면 파티에 와서 내 생일을 축하해 줘.

( )가

● 내 생일 파티에 초대하려고 하는 친구는 모두 ( )명입니다.

여러분의 생일과 친구 이름, 자신의 이름,
친구 숫자를 적어 보세요.

24

04 엄마가 티움이에게 냄비를 가져오라고 하셨어요.

[1] 냄비가 어디에 있는지 그림 위에 ○ 해 보세요.

[2] 엄마가 냄비의 위치를 둘째 서랍의 셋째 칸에 있다고 알려 주셨습니다. '둘째', '셋째'와 같이
순서를 표현하는 말을 사용하지 않고 냄비의 위치를 설명해 보세요.

 "티움아, 냄비는 오른쪽 찬장에서
접시 아래 컵이 4개
있고 그 아래 _____ 에 있어."

순서를 표현하는 말을 쓰지 않으면
설명하기가 어렵지요?
무엇의 위치를 표현할 때, 첫 번째,
두 번째와 같이 순서를 표현하는
말을 사용하면 편리합니다.

◆ ◆ ◆ 이야기로 푸는 창의 문제 ◆ ◆ ◆

05 다음은 엄마가 설명해 주신 떡볶이를 만드는 방법이에요.

[1] 각 순서가 몇 번째에 해야 할 일인지 써 봅시다.

손질해 두었던 야채들과 함께 삶은 달걀을 넣어요.	재료들을 깨끗하게 손질하여 씻어요.	재료가 다 익히면, 깨를 뿌려요.
(넷째)	(첫째)	(다섯째)

육수에 양념장을 넣고 끓여요.	끓는 냄비에 떡과 어묵을 넣어요.
(둘째)	(셋째)

[2] 순서를 표현하는 말을 사용하여 설명하면 어떤 점이 좋은지 써 봅시다.

순서를 헷갈리지 않고 정확하게 말할 수 있어
뜻이 잘 전달됩니다.

06 달걀을 삶는 법을 설명해 보세요.

[1] 달걀을 삶아 보아요.

● 첫째, 냄비에 달걀이 잠길 정도로 물을 넣고 가스렌지에 불을 켜.

● 둘째, 달걀을 굴려 가며 10분 동안 팔팔 끓여.

● (셋째), 냄비에 찬물을 넣고 삶아진 달걀을 꺼내면 완성!

[2] 부모님과 함께 달걀을 삶아 봅시다.

이야기로 푸는 창의 문제

07 떡볶이에 삶은 달걀을 넣을 거예요. 계란 판에 놓여있는 계란을 하나씩 꺼낼 때마다 몇 개의 달걀이 남는지 숫자로 써 보세요.

 ● (9) 개

 ● (8) 개

 ● (7) 개

 ● (6) 개

 ● (5) 개

08 다음에 공통적으로 들어갈 숫자를 써 봅시다.

● 떡 24개를 모두 다 써서 (0)개가 남았어요.

● 오뎅 4장을 모두 다 써서 (0)개가 남았어요.

● 야채 한 접시를 다 써서 남은 야채가 없어요.

이야기로 푸는 창의 문제

09 오늘은 3월 6일입니다. 냉장고 속 우유와 음료의 유통기한을 살펴보아요.

오늘
3월 6일

[1] 티움이가 냉장고에서 우유를 꺼냈더니, 유통기한이 내일까지네요. 우유의 유통기한이 몇 일까지인지 써 봅시다.

 → 유통기한
3월 (7)일까지

[2] 다음 대화를 읽고 괄호에 알맞은 숫자를 써 넣으세요.

 어머나! 콜라의 유통기한이 하루 지났네. 먹을 수 없겠구나.

 그럼 오렌지 주스를 마셔. 오렌지 주스는 유통기한이 내일 모레까지야.

 유통기한
3월 (5)일

 유통기한
3월 (8)일까지

10 닭다리를 먹은 개수를 비교해 보세요.

[1] 친구들이 먹은 닭다리의 수만큼 ○를 그려 봅시다.

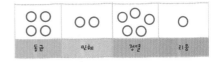

| 동균 | 민혜 | 정열 | 티움 |

[2] 닭다리를 많이 먹은 친구들의 순서대로 이름을 써 봅시다.

(정열) —— (동균) —— (민혜) —— (티움)

[3] 닭다리는 처음에 모두 몇 개였을까요?

(12) 개

[4] 모든 친구들이 똑같이 닭다리를 나눠 먹으려면 한 사람이 몇 개씩 먹어야 할지 △를 그려 표시해 봅시다.

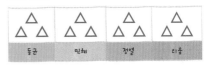

| 동균 | 민혜 | 정열 | 티움 |

스팀 체험 문제

★★★
01 티윤이는 학교에서 '잘잘잘'이라는 노래를 배웠습니다.

> 하나하면 할머니가 지팡이를 짚는다고 잘잘잘
>
> 둘하면 두부장수 두부를 판다고 잘잘잘
>
> 셋하면 새색시가 거울을 본다고 잘잘잘
>
> (①)하면 냇가에서 빨래를 한다고 잘잘잘
>
> (②)하면 다람쥐가 도토리를 줍는다고 잘잘잘
>
> 여섯하면 여학생이 공부를 한다고 잘잘잘
>
> 일곱하면 일꾼들이 나무를 벤다고 잘잘잘
>
> (③)하면 엿장수가 호박엿을 판다고 잘잘잘
>
> 아홉하면 ●＿＿＿＿＿＿＿＿＿ 잘잘잘
>
> (④)하면 열무장수 열무가 왔다고 잘잘잘

[1] 노래 가삿말을 보고 괄호 안에 알맞은 숫자의 이름을 써 보세요.

　①(넷)　　②(다섯)
　③(여덟)　　④(열)

[2] '아홉하면' 뒤에 오면 좋을 것 같은 가사를 만들어 보세요.

　●아홉하면 ●아버지가 신문을 본다고 잘잘잘

[3] 신 나게 노래를 불러 봅시다.

스팀 체험 문제

★★★
02 티윤이는 오늘 과학 책에서 아래와 같은 내용을 보았습니다. 그림을 보고 괄호 안에 들어갈 가지의 개수를 숫자로 써 보세요.

대부분의 식물은 잎이 나거나, 가지가 돋을 때, 아래와 같은 순서로 자랍니다.

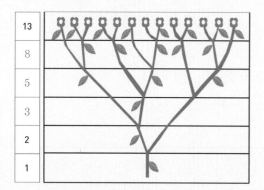

| 13 |
| 8 |
| 5 |
| 3 |
| 2 |
| 1 |

이 숫자를 쭉 늘어 놓으면 앞의 두 숫자의 합이 뒤의 숫자가 되는 규칙을 찾을 수 있습니다. 이러한 수를 '피보나치 수'라고 합니다.

피보나치는 이탈리아의 수학자입니다. 27살이던 1202년에 〈계산판에 관한 책〉을 출간했는데, 당시 알려져 있던 수학에 대해 자세히 적은 책이 지요. 그 책에 나오는 문제 중에서 토끼의 번식에 관한 문제가 있었습니다.

'한 쌍의 토끼가 매달 한 쌍의 토끼를 낳고, 새로 태어난 한 쌍의 토끼는 두달이 지나면서부터 매달 한 쌍의 토끼를 낳는다면, 1년 뒤에 토끼는 모두 몇 쌍이 되어 있을까'하는 문제입니다.

1, 1, 2, 3, 5, 8, 13, 21, 34, 55, 89, 144로 늘어나는 이 숫자는 '피보나치 수열'이라는 이름을 갖게 되었어요. 이 숫자가 관심의 대상인 이유는 식물이나 곤충, 꽃 등에서 이 수를 자주 볼 수 있기 때문이에요. 또 피보나치 수열은 뒤로 갈수록 점점 커지는데 앞의 수를 뒤의 수로 나누었을 때 나오는 수는 미술과 건축에서 황금비율로 많이 쓰인답니다.

01 왼쪽과 같은 모양을 찾아 ◯표 하세요.

[1]

(　) (　) (◯)

[2]

(　) (◯) (　)

[3]

(◯) (　) (　)

02 다음 물건 중 ▢, ▢, ◯ 모양인 물건의 개수를 각각 세어 보세요.

(3)개　(3)개　(4)개

03 다음 친구가 설명하는 모양이 무엇인지 ◯ 해 보세요.

[1] 이것은 평평한 부분이 두 군데야. 비스듬한 면에서 잘 굴러가.

[2] 뾰족한 부분이 있어. 잘 굴러가지 않아.

04 주사위 놀이를 하는 아이와 테니스를 치는 아이에게 각각 필요한 물건을 찾고, 그 물건과 같은 모양을 골라 연결해 보세요.

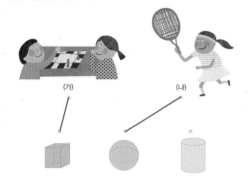
(가)　(나)

05 다음 물건을 만들 때 필요한 모양과 짝지어 보세요.

[1] 연필꽂이를 만들 때 사용하고 싶어요.

[2] 자전거 바퀴를 만들 때 사용하고 싶어요.

[3] 축구공을 만들 때 사용하고 싶어요.

06 다음 모양들을 모두 사용하여 만든 것은 어느 것인가요?

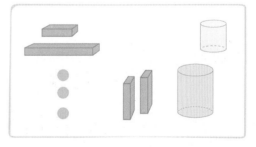

(가) 　(나)

실력 쑥쑥, 기본 문제

07 다음은 윤정이와 상윤이의 대화입니다. 두 사람의 이야기를 듣고 알맞은 모양을 찾아 ○ 하세요.

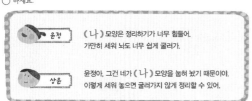

> 윤정 : (나) 모양은 정리하기가 너무 힘들어.
> 가만히 세워 놔도 너무 쉽게 굴러가.
>
> 상윤 : 윤정아, 그건 네가 (나) 모양을 눕혀 놨기 때문이야.
> 이렇게 세워 놓으면 굴러가지 않게 정리할 수 있어.

 (가)   (나)   (다)

08 티움이는 <보기>의 모양이 그려진 그림을 갖고 있었습니다. 그런데 동생이 실수로 그 그림을 찢어 버렸습니다. 찢겨진 그림을 보고 원래 모양이 무엇인지 그려 보세요.

09 티움이는 여러 가지 모양을 규칙적으로 늘어놓는 놀이를 하였습니다.

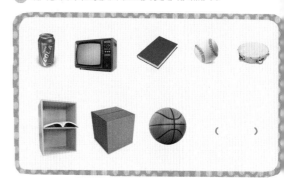

(   )

[1] 다음 중 티움이가 세운 규칙이 무엇인지 고르세요.

① ▢ ▢ ●   ② ▢ ▢ ▢

③ ▢ ▢ ● ▢   ④ ▢ ▢ ●

⑤ ▢ ▢ ● ▢

[2] 위의 규칙에 따라 (   ) 에 들어갈 물건을 하나 생각해서 써 보세요.

(딱풀, 통조림 등   ▢ 모양 물건   )

실력 쑥쑥, 기본 문제

10 해리포터가 볼드모트에게 쫓기고 있습니다. 해리포터가 볼드모트에게 잡히지 않고 동굴 밖으로 빠져나갈 수 있는 길을 찾아봅시다.

[1] 해리포터가 동굴 밖으로 나가며 지나치는 물건들의 이름을 써 봅시다.

구슬, 서랍장, 타이어 , 지우개

[2] 위의 답에 적은 물건을 모양대로 분류하여 어떤 모양의 물건이 몇 개인지 표를 채워 봅시다.

▢	(2) 개
▢	(1) 개
●	(1) 개

이야기로 푸는 창의 문제

다음은 동균이의 블록 책에 나와 있는 성 그림입니다. 동균이가 성을 만들기 위해 필요한 블록에 ◯ 해 보세요.

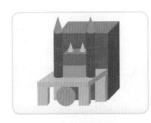

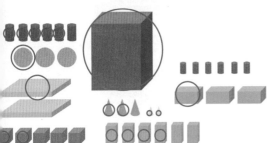

02 다음은 동균이가 만든 성을 지키는 문지기에 대한 설명입니다.

[1] 동균이의 설명을 듣고 문지기가 어떻게 생겼는지 골라 보세요.

> 보기 　 문지기는 네모난 몸에 둥근 기둥 모양의 팔, 다리를 가졌어. 얼굴은 어떤 방향에서 보든 동그랗지.

[2] 내가 가장 좋아하는 장난감 하나를 가져와 그림을 그리고 어떻게 생겼는지 동균이처럼 설명해 보세요.

이야기로 푸는 창의 문제

3 다음은 동균이가 만든 마차입니다.

[1] 마차에서 어색한 부분을 골라 ◯ 해 보세요.

[2] 어색한 부분을 고치기 위해 필요한 부품을 골라 보세요.

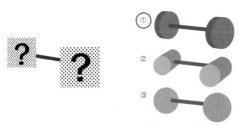

04 다음은 동균이와 민혜가 음식 모형을 만들기 위해 클레이 점토를 빚는 과정입니다. 각각의 과정을 거쳤을 때, 어떤 모양의 음식이 나올지 짝지어 보세요.

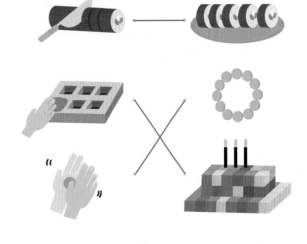

이야기로 푸는 창의 문제

05 동균이는 만든 음식을 놓을 식탁이 필요하다고 생각했어요. 블록 바구니에 가까이 앉은 민혜에게 식탁을 만들 블록을 가져다 달라고 부탁합니다.

[1] 동균이의 설명을 듣고 동균이가 식탁을 만드는 데 필요한 블록이 무엇인지 골라 보세요.

민혜야, 동그랗고 평평한 면이 넓게 위, 아래로 있는 블록 하나가 필요해.

보기

① ② ③ ④

[2] 다음 블록을 보고 동균이가 되어 민혜에게 필요한 부품을 설명해 봅시다.

이건 식탁의 다리로 쓸 블록이야.
블록을 좀 찾아 줘.

어떻게 생겼는데?

긴 기둥인데 네모난
모양이야. 잘 굴러가지 않아.

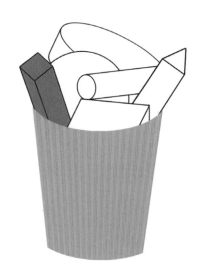

56

이야기로 푸는 창의 문제

07 동균이, 민혜가 함께 그림자 놀이를 했습니다. 물체의 옆면에 빛을 비추었을 때 나타나는 그림자를 보고 원래는 어떤 모양일지 맞추어 보세요.

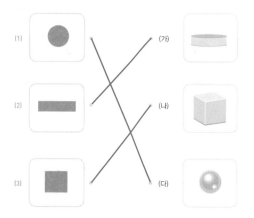

[1]
[2]
[3]

(가)
(나)
(다)

08 　모양의 물건을 찾아 부모님과 그림자 놀이를 해 보세요. 그리고 　모양에서 나올 수 있는 서로 다른 그림자 모양 2개를 찾아 그려 보세요.

* 준비물 : 손전등

원래 물건

그림자 1

그림자 2

58

09 동균이는 블록 정리를 위해 다음과 같이 하였습니다.

 청소는 빠른 게 최고, 아무거나 잡히는 대로 담아야지!

(1) 블록이 왜 바구니에 넘쳤는지 써 보세요.

　같은 모양끼리 분류하지 않고 섞어 담았기

　때문이다.

(2) 어떻게 정리하면 좋을지 생각해 보세요.

 "가장 좋은 정리 방법은 (같은 모양끼리 담는 것이야)"

10 동균이는 오늘 블록 놀이를 하며 블록을 크게 세 종류로 나눌 수 있다는 것을 알았어요. 분류된 블록들을 보고 뭐라고 부르면 좋을지 <보기>와 같이 이름을 짓고 이유를 써 보세요.

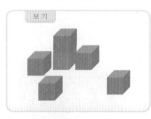
보기

이 블록들은 상자 모양이야. 왜냐하면 모든 부분이 평평해서 상자 모양과 닮았기 때문이지.

(1) 이 블록들은 "(둥근 기둥 모양)"야.
왜냐하면　둥근 면이 위아래에　때문이야.
　있고 길쭉하기

(2) 이 블록들은 "(구슬 모양)"야.
왜냐하면　동그란 것이　때문이야.
　잘 굴러가기

STEaM
스팀 체험 문제

01 다음은 '빙빙 돌아라'의 가사입니다.

…
손을 잡고 왼쪽으로 빙빙 돌아라.
손을 잡고 오른쪽으로 빙빙 돌아라.
뒤로 살짝 물러났다 앞으로 다시 들어가
손뼉 치여 빙빙 돌아라.
…
손을 잡고 왼쪽으로 빙빙 돌아라.
손을 잡고 오른쪽으로 빙빙 돌아라.
뒤로 살짝 물러섰다 앞으로 다시 모여서
손뼉 치고 술래는 빠져라.

(1) 노래 가사에 따라 율동하면 그려지는 모양을 바르게 말한 사람을 골라 봅시다.

 의자가 있어야 할 수 있어.　　　　(　)

 책이나 공책의 모양과 비슷해.　　　(　)

 동그란 모양으로 '강강수월래'와 비슷한 모양이야.　(◯)

(2) 노래 가사에 따라 율동을 하면 그려지는 모양과 비슷한 모양의 물건을 세 가지 써 봅시다.

(타이어),　　(통조림),　　(북)

02 동균이네 가족은 TV에서 네모난 수박을 개발하여 판다는 내용의 뉴스를 보게 되었습니다. 네모난 수박을 보시던 어머니께서 다음과 같이 말하였습니다. 수박의 모양을 비교해 보고 어머니의 대화로 알맞은 말에 ◯해 보세요.

 어머! 동그란 수박은《 맛이 없었는데, 씨가 많았는데, (자르기 힘들었는데) 》
네모난 수박은 그렇지 않겠구나!

실력 쑥쑥, 기본 문제

01 그림을 보고 빈칸에 알맞은 수를 써넣으세요.

(1)
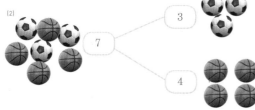
2
5
3

(2)
7
3
4

02 빈칸에 알맞은 수를 써넣으세요.

(1)

5	
2	3

(2)

8	
2	6

03 두 수를 모아 7이 되도록 선으로 이으세요.

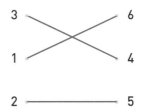

04 진영이는 초콜릿 6개를 두 손에 나누어 집었습니다. 한 손에 2개를 집었다면 다른 손에는 몇 개를 집었을지 구하세요.

（ 　4　 ）개

그림에 알맞은 식을 쓰고 읽어 보세요.

(1)

쓰기 3 + 5 = 8

읽기 3 더하기 5는 8과 같습니다.

(2)

쓰기 9 − 2 = 7

읽기 9 빼기 2는 7과 같습니다.

06 빈칸에 알맞은 수를 써넣으세요.

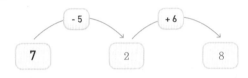

07 영수의 필통에는 연필이 5자루 있었는데 2자루를 짝에게 빌려 주었습니다. 영수의 필통에 남아 있는 연필은 몇 자루인지 구하세요.

(3)개

08 □ 안에 알맞은 수를 써넣으세요.

(1) 3 + 5 = 8 → 8 - 5 = 3

(2) 9 - 6 = 3 → 3 + 6 = 9

09 ㉠에 들어갈 수 있는 수를 구하는 풀이 과정을 쓰고, 답을 구하세요.

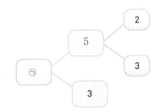

● 풀이 과정 2와 3을 모으면 5입니다. 노란색 빈칸에는

5가 들어가게 됩니다. 5와 3을 모으면 8입니다.

㉠에는 8이 들어가게 됩니다.

10 다음 세 숫자 카드를 사용하여 덧셈식 2개와 뺄셈식 2개를 만드세요.

● 덧셈식

(3 + 5 = 8)

(5 + 3 = 8)

● 뺄셈식

(8 − 3 = 5)

(8 − 5 = 3)

이야기로 푸는 창의 문제

01 샛별이는 칫솔 꽂이에 칫솔이 바르게 꽂혀 있지 않고 마구 어질러져 있는 것을 보았어요. 칫솔에 쓰인 대로 숫자를 더하면 어디에 칫솔을 꽂아야 하는지 알 수 있어요. 칫솔과 칫솔 꽂이를 선으로 연결해 주세요.

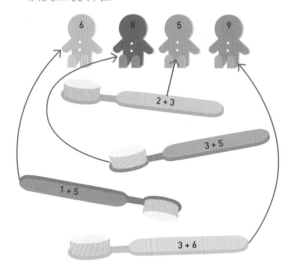

02 바닥에 놓여 있는 샴푸를 제자리에 놓으려고 해요. 다음 빈칸을 채워 정답이 4인 곳을 고르면 샴푸의 원래 자리를 찾을 수 있어요.

왼쪽 선반		중앙 선반		오른쪽 선반	
5		6		9	
3	2	4	2	3	6

첫 번째 줄		두 번째 줄		세 번째 줄	
9		8		4	
7	2	5	3	1	3

왼쪽		중간		오른쪽	
9		7		6	
5	4	5	2	4	2

(　중앙 선반　). (세 번째 줄). (　왼쪽　)에

샴푸가 있습니다.

이야기로 푸는 창의 문제

03 물건들을 서랍장에 넣으려고 하자 서랍장이 잠겨 있는 것을 발견했어요. 서랍장과 열쇠에 쓰인 숫자를 모았을 때 9가 되면 서랍장이 열려요. 각 서랍장에 맞는 열쇠를 찾아 이어 주세요.

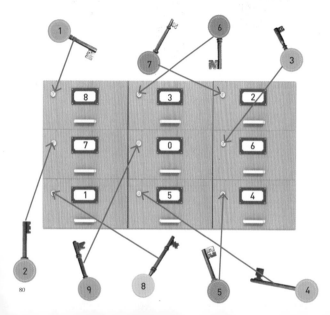

04 샛별이와 엄마는 함께 여러 가지 향기가 나는 천연 비누를 만들기로 했어요. 두 숫자를 더해 나오는 숫자가 비누의 숫자와 맞도록 알맞은 숫자를 적어 주세요.

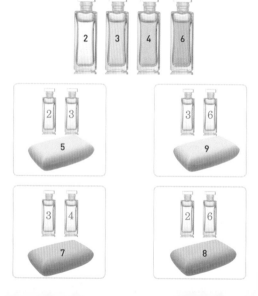

이야기로 푸는 창의 문제

5 어지럽게 놓인 물건들 때문에 바닥의 타일의 모양을 잘 알아볼 수 없었어요. 타일 위에 쓰인 식을 계산하여 값이 5, 6, 7, 8, 9인 칸에 색칠하면 타일의 무늬가 드러나요.

1 + 2	5 + 4	2 + 2	3 + 6	9 - 8
9 - 1	9 - 7	8 - 2	7 - 4	3 + 4
2 + 7	7 - 5	3 + 1	6 - 5	8 - 1
1 + 3	8 - 1	8 - 7	4 + 4	5 - 3
2 + 1	8 - 4	2 + 5	6 - 2	4 - 1

06 화장실을 청소하는 샛별이에게 엄마는 선물을 주기로 하셨답니다. 샛별이 선물은 계산 결과가 7이 나오는 상자예요. 샛별이의 선물을 찾아 ○ 표 하세요.

이야기로 푸는 창의 문제

7 화장실 슬리퍼가 짝을 찾지 못하고 여기저기 흩어져 있어요. 슬리퍼 안의 식을 보고 관련 있는 덧셈식과 뺄셈식을 연결해 슬리퍼의 짝을 찾아 보세요.

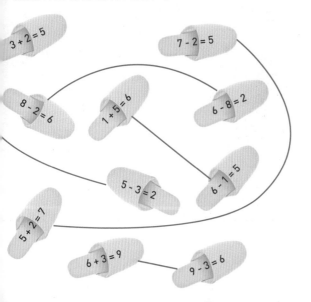

08 화장실 청소를 하다 지쳤으니 잠시 쉬었다 갈까요? 엄마와 함께 주사위와 말을 가지고 다음 말판놀이를 해 봅시다.

* 준비물 : 주사위, 말

말판놀이 방법

1. 가위바위보를 통해 순서를 정한다.

2. 주사위를 굴려 나온 수만큼 말을 이동시킨다.

3. 맞추면 그 자리에 멈추고 틀리면 원래 자리로 돌아갑니다.

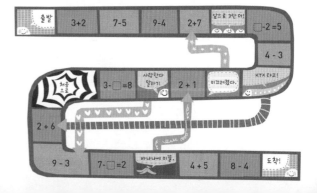

이야기로 푸는 창의 문제

09 화장실에 세탁한 수건과 세탁하지 않은 수건이 뒤섞여 있었어요. 수건에 적힌 □의 값을 구하여 1, 2, 3, 4가 나오면 세탁한 수건, 5, 6, 7, 8, 9가 나오면 세탁하지 않은 수건이에요. 세탁하지 않은 수건에 ◯표 하세요.

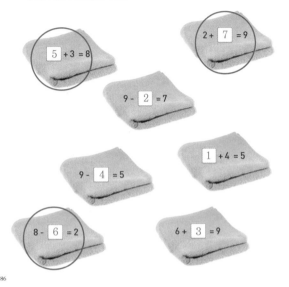

10 샛별이네 화장실에 예쁘게 색을 입혀 줍시다. 다음 규칙에 따라 화장실에 색을 칠해 주세요.

규칙

3 = 노란색
4 = 빨간색
5 = 연두색
6 = 파란색

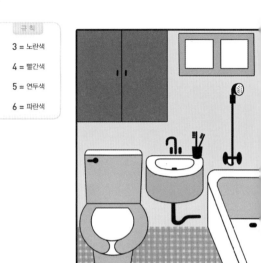

STEAM 스팀 체험 문제

01 다음은 네덜란드 화가인 고흐의 '별이 빛나는 밤'이라는 작품의 밑그림입니다. 아름다운 별이 반짝이는 밤하늘을 나타내는 그림이지요. 규칙에 따라 고흐의 작품을 직접 색칠하여 완성해 봅시다.

규칙

3 + 4 = 검정색
9 - 3 = 노란색
2 + 3 = 파란색
7 - 3 = 하늘색

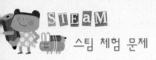

STEAM
스팀 체험 문제

02 다음은 세 박자의 왈츠 리듬 규칙입니다. 왈츠란 '4분의 3박자'의 경쾌한 분위기의 춤곡입니다. 왈츠 박자를 완성하고 박자치기를 해 봅시다.

(1) 계산 결과에 맞게 왈츠 리듬을 그려 넣고 리듬치기를 해 보세요. 선 아래는 발구르기, 선 위는 손뼉치기로 리듬치기를 해 봅시다.

(2) 나머지 ⑦, ⑧ 두 마디는 자유롭게 리듬을 그려 넣고 리듬치기를 해 봅시다.

실력 쑥쑥, 기본 문제

01 빨간색 크레파스보다 길이가 짧은 크레파스를 골라 ○표 하세요.

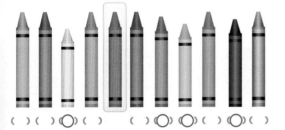

( ) ( ) (○) ( ) ( ) (○) (○) ( ) (○) ( ) ( )

02 줄넘기의 길이가 가장 긴 것에 ○표 하세요.

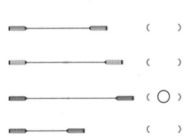

( )

( )

(○)

( )

03 건물의 높이가 가장 높은 것에 ○표 하고, 가장 높이가 낮은 것에 □표 하세요.

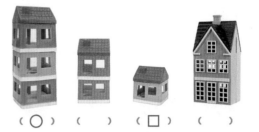

(○)   ( )   (□)   ( )

04 그림을 보고 알맞은 말에 ○표 하세요.

(1) (우산꽂이, 교실 문, 의자, 책상)은(는) 높이가 가장 높습니다.

(2) (우산꽂이, 교실 문, 의자, 책상)은(는) 높이가 가장 낮습니다.

(3) 교실 문보다 높이가 낮고 의자보다 높이가 높은 것은 (우산꽂이, 책상)입니다.

05 채현이의 일기를 읽고 질문에 대답하세요.

제목 : 가방 들어 주기   20☆☆년 ☆년 ☆일 ☆요일 날씨 : 햇님이 방긋

> 오늘은 학교가 끝나고 현서, 예인이와 함께 집에 갔다.
>
> 셋이 함께 집에 가다가 예인이가 가위바위보를 하자고 했다.
>
> 진 사람이 가방 세 개를 모두 들자고 했다.
>
> 가위! 바위! 보! 내가 졌다. 내 가방은 예인이의 가방보다 가벼웠다.
>
> 예인이의 가방은 현서의 가방보다 가벼웠다. 아, 어깨야. 팔이야.
>
> 아직도 아프다. 하지만 친구들이 나를 도와 함께 들어 주었다.
>
> 역시 내 친구들.

● 채현이의 일기를 보고 알 수 있는 것은 무엇일까요?

(채현, ⭕현서, 예인) (이)의 가방이 가장 무겁고,

(⭕채현, 현서, 예인) (이)의 가방이 가장 가볍습니다.

06 다음의 시소놀이 장면을 보고 가벼운 동물을 순서대로 적어 보세요.

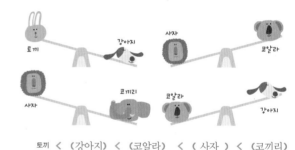

토끼 < (강아지) < (코알라) < (사자) < (코끼리)

07 색종이의 넓이가 가장 넓은 것에 ◯표 하세요.

(◯)   (   )   (   )   (   )

---

08 다음 그림에서 1번 그림보다 넓고, 2번 그림보다 좁은 ☐모양을 그려 보세요.

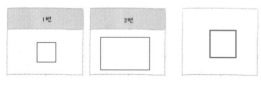

10 크기가 다른 세 그릇이 있습니다. 세 그릇에 담을 수 있는 물의 양을 비교하려면 어떻게 하면 되는지 쓰세요.

한 그릇에 물을 담아 다른 그릇에 옮겨 담아보고
물이 남는지 모자란지 살펴본다.
다른 그릇에도 물을 옮겨 담아 본다.

09 두 컵에 담을 수 있는 물의 양을 비교해 보세요.

(   )   (△)   (◯)

[1] 가장 많은 양의 물을 담을 수 있는 컵에는 ◯표 하세요.

[2] 가장 적은 양의 물을 담을 수 있는 컵에는 △표 하세요.

이야기로 푸는 창의 문제

01 이야기를 읽고 그림 밑에 정리 순서를 숫자로 적으세요.

아빠의 옷장을 정리하려고 합니다. 홍찬이는 평소에 엄마가 정리하던 방법을 떠올렸습니다. 홍찬이는 누나인 혜진이에게 정리 방법을 설명했습니다.

아빠의 윗옷은 넓이가 넓은 것부터 순서대로 정리해 봐. 아래옷은 길이가 긴 것부터 순서대로 걸면 돼.

홍찬아, 아빠의 넥타이와 모자는 어떻게 정리해?

넥타이는 길이가 긴 것부터 순서대로 걸어 두면 되지. 모자는 아빠 옷장의 가장 높은 곳에 크기가 큰 것부터 넣어 봐.

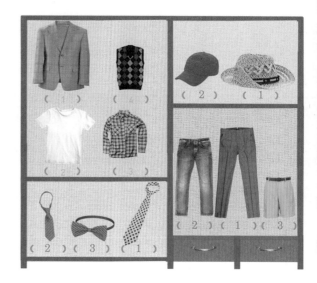

이야기로 푸는 창의 문제

02 이야기를 읽고 엄마의 옷장을 차례차례 정리해 보세요.

엄마의 옷장을 정리하려고 합니다. 이번에도 홍찬이는 누나인 혜진이에게 정리 방법을 이야기합니다.

누나, 엄마의 윗옷도 넓이가 넓은 것부터 정리하면 돼. 그리고 아래옷은 길이가 긴 것부터 정리해 보자.

좋아.

엄마의 가방은 장롱의 가장 높은 곳에 넣어 두자. 넓이가 넓은 것부터. 엄마의 양말은 가장 낮은 곳에 넣으면 좋겠지?

양말은 긴 것부터 정리해야지.

이야기로 푸는 창의 문제

03 아래의 글을 읽고, 화장품을 정리하는 올바른 순서대로 선을 이어 보세요.

> 홍찬아, 누나 어때?
>
> 누나! 그게 뭐야!
>
> 엄마처럼 해 봤는데? 예쁘지?
>
> 이상해. 누나 얼굴이 킹콩 같아. 엄마 화장품을 마음대로 발라서 지저분해졌잖아.
>
> 앗! 엄마가 오시기 전에 빨리 치워야겠다. 홍찬아, 좀 도와줘. 화장품을 놓는 순서는 높이가 높은 화장품부터 왼쪽으로 순서대로 놓자. 만약에 높이가 같으면 무게가 무거운 것부터 놓으면 돼.
>
> 네. 분부만 내려 주십시오, 킹콩 공주님. 히히.

이야기로 푸는 창의 문제

04 아래의 이야기를 읽고, 빨랫줄에서 침대에 놓을 이불과 베개를 골라 ◯ 해 주세요.

> 누나! 침대에서 뛰어 놀면 어떡해! 콜록콜록! 이불을 넣어 놓아야겠다.
>
> 아참! 엄마가 이제 더워졌다고 가벼운 이불이 좋다고 하셨어. 빨랫줄에 널린 이불 중에 가장 가벼운 이불을 꺼내고, 베개도 가장 가벼운 걸 줘.
>
> 누나, 같이 해. 어떤 게 더 무거운 거지?
>
> 빨랫줄이 축 처진 것이 더 무거운 거야.

[1] 침대에 놓을 베개는 ((가)　(나))입니다.

[2] 침대에 놓을 이불은 (①　②)입니다.

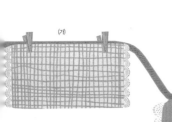

이야기로 푸는 창의 문제

05 아래의 이야기를 읽고, 문제를 해결해 보세요.

> 안방에 있는 꽃병에 물을 담으려고 합니다. 병은 총 3개가 있습니다.
> 혜진이는 모양이 각각 다른 꽃병에 물을 담고 있습니다.
>
> 누나, 어떤 병이 가장 큰 병일까?
>
> 높이가 가장 높은 것? 위에서 본 넓이가 가장 넓은 것? 무게가 가장 무거운 것?
>
> 나는 아는데!

● 크기가 다른 3개의 꽃병의 크기를 비교하는 방법을 써 보세요.

한 병에 물을 담아 다른 병에 옮겨 담아 보고
물이 남는지 모자란지 알아본다.

06 아래 이야기에 맞는 상자를 골라 ◯표 하세요.

> 누나, 여기 봐. 아빠의 양말이 너무 많아서 서랍에 다 들어가지 않네.
>
> 아빠는 정말 양말을 많이 가지고 계시구나.
>
> 아빠 양말은 상자에 넣어서 정리하면 어떨까?
>
> 그럴까? 상자가 어딨지?
>
> 내가 가지고 올게. 어떤 상자가 가장 많은 양말을 담을 수 있을까?

(   )　　(◯)　　(   )

이야기로 푸는 창의 문제

07 아래 대화를 보고 부모님의 사진으로 벽을 꾸며 보세요.

> 누나! 이것 좀 봐.
>
> 이게 누구지?
>
> 엄마 아빠의 젊었을 때 사진인가 보다. 히히.
>
> 와! 엄마도 이렇게 멋쟁이일 때가 있었구나.
> 엄마 치마는 정말 길이가 짧다.
> 아빠의 머리도 정말 긴걸.
>
> 우리 엄마 아빠의 사진으로 멋지게 벽을 장식하면 어떨까?
>
> 어떻게?
>
> 도화지에 사진을 이어붙이면 한 장의 멋진 작품이 되겠는걸?
> 총 5장의 사진을 겹치지 않게 놓으면 되겠다.
>
> 어떻게 해야 겹치지 않고 벽을 채울 수 있을까?
>
> 도화지에 이렇게 선을 그어 주면 찾기 쉬워.
> 사진을 돌리지 않고 벽에 붙여 보자.

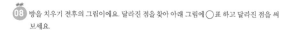

08 방을 치우기 전후의 그림이에요. 달라진 점을 찾아 아래 그림에 ◯표 하고 달라진 점을 써 보세요.

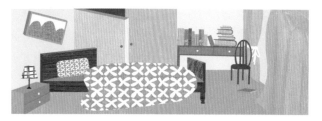

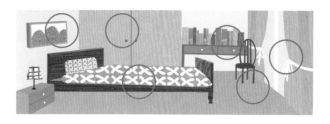

● 방을 치우기 전과 치운 뒤 어떤 점이 달라졌나요?

① 바닥에 떨어져 있던 이불이 정리되었어요.

② 열려 있던 장롱이 닫혔어요.

③ 커튼을 묶었어요.

④ 바닥에 떨어진 책을 주웠어요.

⑤ 책상 위의 책을 꽂았어요.

⑥ 액자를 똑바로 걸었어요.

09 아래 빈칸에 누구의 것인지 적고 티셔츠에 자유롭게 문양을 넣어 완성해 보세요.

> 😊 부모님의 커플 티셔츠를 만들어 드리면 어떨까?
>
> 😊 우아! 좋은 생각이야.
>
> 😊 흰색 티셔츠를 바닥에 놓고, 그 위에 그림을 그려 주면 돼.
>
> 😊 내가 엄마 것을 그릴게. 어떤 것이 엄마 것이지?
>
> 😊 엄마의 것이 더 좁아.

（ 엄마 ）　　（ 아빠 ）

10 부모님께 드리는 카드를 완성해 보세요.

사랑하는 부모님께

오늘은 부모님의 사랑만큼 참 따뜻한 날이에요.

저 혜진이와 홍찬이는 어버이날을 맞아 부모님을 위해 안방을 정리했습니다.

장롱에 있는 아빠, 엄마의 옷은 윗옷은 넓이가 (넓은 것, 좁은 것)부터

왼쪽에 두었고, 아래옷은 길이가 (긴 것, 짧은 것)부터 왼쪽에 두었어요.

그리고 아빠의 모자와 엄마의 가방은

장롱의 가장 (낮은 곳, 높은 곳)에 두었어요. 잊지 마세요.

이불은 무게가 (무거운 것, 가벼운 것)으로 바꾸었고,

베개도 (무거운 것, 가벼운 것)으로 놓았어요.

아빠 양말도 담을 수 있는 양이 가장 (많은, 적은) 상자에 넣어 두었어요.

아빠, 엄마, 저희를 돌보시느라 젊었을 때 모습이 많이 바뀌셨지만,

저희는 이 모습 그대로 부모님을 사랑해요.

부모님을 존경하는 김 남매 올림

STEAM
스팀 체험 문제

01 영국 국회의사당의 동쪽 끝에 있는 빅벤은 세계에서 가장 유명한 시계탑입니다. 빅벤의 시각을 읽고 몇 시 몇 분인지 써 보세요.

● (　6　)시 (　50　)분

02 다음은 살바도르 달리의 <기억의 지속>이라는 작품의 밑그림입니다. 흘러내리는 시계가 인상적인 작품이지요. 아래의 시각을 빈 시계에 적어 보고 그림을 색칠해 완성하세요.

● 8시 15분을 그려 보세요.

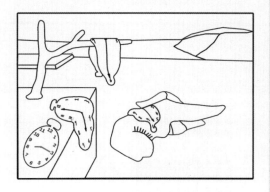

STEAM
스팀 체험 문제

03 다음 중 마음에 드는 휴대 전화기를 고르고, 그 이유도 함께 말해 보세요.

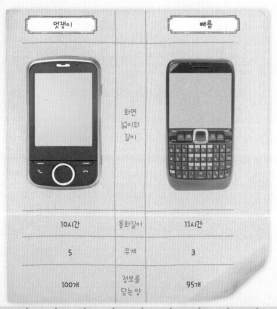

멋쟁이		빠름
	화면 넓이와 길이	
10시간	통화길이	11시간
5	무게	3
100개	정보를 담는 양	95개

나는 (　멋쟁이　)휴대 전화기가 더 마음에 듭니다.

그 이유는 (화면이 더 넓기 때문입니다.

다른 이유로 빠름 전화가 더 마음에 드는 친구들도

있겠지요? 이유와 함께 말해 보세요.　　　　)

실력 쑥쑥, 기본 문제

01 10이 되도록 별을 더 그려 보세요.

02 나는 어떤 수입니까? 숫자로 쓰고 읽어 보세요.

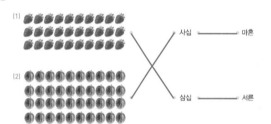

나는 그림으로 나타내면 ☐☐☐☐☐☐☐☐☐☐ ☐☐☐ 입니다.
나는 10개씩 1묶음과 낱개 3개입니다.

숫자 (13)   읽기 (십삼)

03 다음을 10개씩 묶어서 세어 보고 바르게 읽은 것끼리 연결하세요.

(1)   사십 ——— 마흔

(2)   삼십 ——— 서른

04 다음을 숫자로 나타내 보세요.

(1) 서른일곱 ➡ [37]   (2) 마흔셋 ➡ [43]

05 수 배열표의 빈칸에 알맞은 수를 써 넣으세요.

1	2	3	4	5	6	7	8	9	10
11	12	13	14	15	16	17	18	19	20
21	22	23	24	25	26	27	28	29	30
31	32	33	34	35	36	37	38	39	40
41	42	43	44	45	46	47	48	49	50

06 다음의 순서에 알맞은 수를 써넣으세요.

37   38   39   40   41

실력 쑥쑥, 기본 문제

07 동화책을 번호 순서대로 정리하려고 합니다. 다음 물음에 답하세요.

(1) 40번 책은 (39)번과 (41)번 사이에 꽂아야 합니다.

(2) 45번 책 다음에는 (46)번 책을 꽂아야 합니다.

08 다음 두 그림을 비교해 보고 수가 많은 물건에 ◯표 하세요.

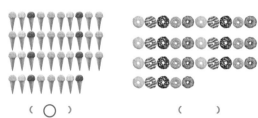

(◯)   (   )

09 두 수의 크기를 비교해 보세요.

(1) 18은 33보다 (큽니다 . 작습니다).

(2) 43은 29보다 (큽니다 . 작습니다).

10 10보다 크고 30보다 작은 짝수와 홀수를 모두 써 보세요.

(1) 짝수

12, 14, 16, 18, 20, 22, 24, 26, 28

(2) 홀수

11, 13, 15, 17, 19, 21, 23, 25, 27, 29

◆ ◈ ◆　이야기로 푸는 창의 문제　◆ ◈ ◆

01 티움이는 수업이 끝나자마자 집으로 달려왔어요. 할아버지께서 생일 선물로 보내 주신 블록 장난감이 도착했는지 궁금했거든요. 티움이는 집에 들어가자마자 사방을 두리번거렸어요. 티움이네 거실을 한번 둘러볼까요? 거실에 있는 물건들의 개수를 세어 보세요.

[1] 액자는 모두 몇 개입니까?　　　　　　　　　　(10) 개

[2] 꽃병에 꽂혀 있는 꽃은 모두 몇 송이입니까?　　　(15) 송이

02 티움이가 기다리던 선물 상자가 저기 있어요. 티움이와 함께 할아버지의 장난감 선물이 들어 있는 택배 상자를 관찰해 볼까요? 장난감 택배 상자에 있는 티움이네 집 주소에 나와 있는 숫자를 찾아 써 보고 읽어 보세요.

서울 난냥구 딩동 거꾸로
꽃길 50-35

숫자 (50)　　　　읽기 (오십)

숫자 (35)　　　　읽기 (삼십오)

◆ ◈ ◆　이야기로 푸는 창의 문제　◆ ◈ ◆

03 선물 상자를 열었더니 여러 가지 모양과 색깔의 장난감 블록들이 가득 들어 있어요. 각각의 장난감 블록들이 몇 개씩 들어 있을까요? 티움이와 함께 장난감 블록들을 10개씩 묶어서 세어 보고 바르게 연결해 보세요.

[1]　　　　　　삼십　　　　마흔

[2]　　　　　　오십　　　　서른

[3]　　　　　　사십　　　　쉰

04 동생이 그만 장난감 블록들을 모두 헝클어뜨리고 말았어요. 티움이는 블록들을 다시 세어 정리하기로 했어요. 각각의 장난감 블록들이 몇 개 있는지 세어 보세요.

(35) 개　　　(27) 개　　　(19) 개

05 장난감 블록들의 개수가 서로 다르네요. 어느 장난감 블록의 개수가 가장 많은지 궁금해요. 어느 블록이 가장 많을까요? 장난감 블록의 수의 크기를 서로 비교해 보세요.

[1] 　35는 27보다 (큽니다 . 작습니다).　

[2] 　35은 19보다 (큽니다 . 작습니다).　

[3] 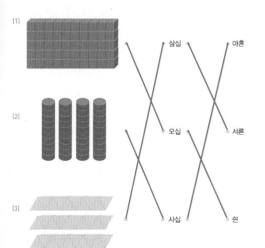　19은 27보다 (큽니다 . 작습니다).

이야기로 푸는 창의 문제

06 장난감 블록 중에는 사람 모양의 인형들도 있어요. 사람 모양의 인형들을 서로 짝지어 볼까요? 둘씩 짝을 짓고 홀수인지 짝수인지 적어 보세요.

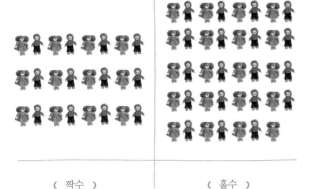

(짝수)   (홀수)

07 블록 몇 개가 책장 뒤로 떨어졌어요. 티유이는 책장을 자세히 살펴보았어요. 책장에 꽂혀 있는 책들의 번호를 보고 빠진 책을 순서대로 적어 보세요.

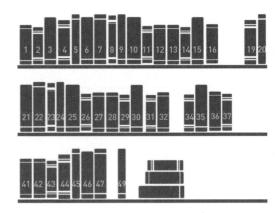

17. 18, 33, 38, 39, 40, 48,   50

이야기로 푸는 창의 문제

08 티유이는 블록을 쌓아 보기로 했어요. 블록에 들어 있는 설명서에는 블록을 가지고 만들 수 있는 다양한 모양들이 담겨 있어요. 1부터 차례로 숫자를 연결해 봅시다.

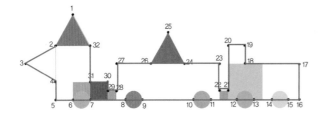

09 장난감 블록 설명서가 순서대로 되어 있지 않네요. 아래 설명을 읽고, 설명서를 번호 순서대로 다시 정리해서 놓아 보세요.

(1) 16번 설명서는 몇 번과 몇 번 사이에 넣어야 합니까? (15 번과 17 번 사이)

(2) 21번과 23번 설명서 사이에는 몇 번 설명서를 넣어야 합니까? (22 번)

10 드디어 티유이의 멋진 작품이 완성되었어요 네모 블록의 개수가 짝수인 층은 파란색으로, 홀수인 층은 분홍색으로 색칠하세요.

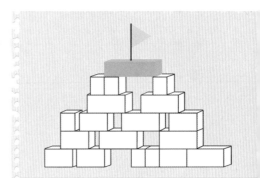

STeaM
스팀 체험 문제

1 티옹이는 장난감을 선물해 주신 할아버지께 감사하는 마음을 담아서 편지를 쓰려고
해요. 장난감 블록을 쌓았던 것을 기억하면서 할아버지께 감사 편지를 써 보세요.

사랑하는 할아버지께

할아버지 잘 지내시죠? 오늘 할아버지께서 보내 주신 장난감 블록 잘 받았어요.
상자를 열었더니 장난감 블록들이 가득 들어 있었어요.
빨간색 네모 블록이 10개씩 5묶음으로 （ 50 ）개,
파란색 동그라미 블록이 10개씩 4묶음으로 （ 40 ）개,
노란색 세모 블록이 10개씩 3묶음으로 （ 30 ）개 들어 있었어요.
빨간색 블록의 수가 가장 크니까 가장 많이 들어 있다는 것도 알 수 있었어요.

귀엽게 생긴 사랑 모양의 블록도 들어 있었어요.
사랑 모양의 블록은 10개씩 3묶음과 낱개로 9개가 더 있어서 모두 （ 39 ）개가 들
어 있었어요.

둘씩 짝을 지어 보았더니 1개가 남아서 （ 홀수 ）만큼 들어 있다는 것도 알았어요.

블록들의 개수에 따라 색깔을 번갈아 가면서 쌓았는데
1층은 블록의 개수가 6개로 （ 짝수 ）니까 파란색으로,
2층은 블록의 개수가 3개로 （ 홀수 ）니까 분홍색으로 쌓아 보았어요.
제 작품 정말 멋지죠?

다음에 더 만들어서 보여 드릴게요.
할아버지 생일 선물 정말 감사해요. 사랑해요.

2016년 7월 12일 티옹 올림

STeaM
스팀 체험 문제

2 우리 주변에는 다양한 식물들이 자라고 있답니다. 그런데 식물들의 잎과 열매를
자세히 살펴보면 잎과 열매의 개수가 짝수인 것도 있고 홀수인 것도 있답니다.
각각의 개수를 2개씩 짝지어 보고 홀수인 것에 ○표 하세요.

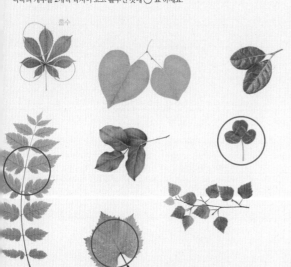